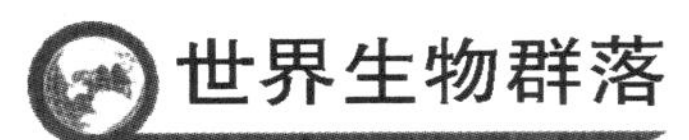

沙漠生物群落

Desert Biomes

[美] Joyce A. Quinn 著
王 婷 译
张志明 总译审
包国章 专家译审

長春出版社
全国百佳图书出版单位

图书在版编目(CIP)数据

沙漠生物群落/(美)乔伊斯·A.奎因(Joyce A. Quinn)著;
王婷译. —长春:长春出版社,2014.6(2017.6重印)
(世界生物群落)
ISBN 978-7-5445-2209-0

Ⅰ.①沙… Ⅱ.①乔…②王… Ⅲ.①沙漠-生物群落-青年读物②沙漠-生物群落-少年读物 Ⅳ.①Q151.94-49

中国版本图书馆CIP数据核字(2012)第315293号

沙漠生物群落

著　　者:[美]Joyce A. Quinn　　译　　者:王　婷
总 译 审:张志明　　专家译审:包国章
责任编辑:李春芳　王生团　江　鹰　　封面设计:刘喜岩

出版发行:長春出版社　　总编室电话:0431-88563443
发行部电话:0431-88561180　　邮购零售电话:0431-88561177
地　　址:吉林省长春市建设街1377号
邮　　编:130061
网　　址:www.cccbs.net
制　　版:荣辉图文
印　　刷:延边新华印刷有限公司
经　　销:新华书店

开　　本:787毫米×1092毫米　1/16
字　　数:186千字
印　　张:14.5
版　　次:2014年6月第1版
印　　次:2017年6月第2次印刷
定　　价:27.00元

中文版前言

“山光悦鸟性，潭影空人心”道出了人类脱胎于自然、融合于自然的和谐真谛，而“一山有四季节，十里不同天”则又体现了各生物群落依存于自然的独特生命表现和“适者生存”的自然法则。可以说，人类对生物群落的认知过程也就是对大自然的感知过程，更是尊重自然、热爱自然、回归自然的必由之路。《世界生物群落》系列图书将带领读者跨越时空的界限，在领略全球自然风貌的同时，探秘不同环境下生物群落的生存世界。本套图书由中国生态学会生态学教育工作委员会副秘书长、吉林省生态学会理事、吉林大学包国章教授任专家译审，从生态学的专业角度，对翻译过程中涉及的相关术语进行了反复的推敲论证，并予以了修正完善；由辽宁省高等学校外语教学研究会副会长张志明教授任总译审；由郑永梅、李梅、辛明翰、钟铭玉、王晓红、潘成博、王婷、荆辉八位老师分别担任分册翻译。正是他们一丝不苟的工作精神和精益求精的严谨作风，才使这套科普图书以较为科学完整的面貌与读者见面。在此对他们的辛勤付出表示衷心的感谢！愿本书能够以独特的视角、缜密的思维、科学的分析为广大读者带来新的启发、新的体会。让我们跟随作者的笔触，共同体验大自然的和谐与美丽！

本书有不妥之处，敬请批评指正！

英文版前言

正如本书内容及其所列物种名单长度所证明的那样，沙漠并非寸草不生、了无生机的不毛之地。因为很多沙漠同其他沙漠独立开来，单独发展，使得独特的植物和动物物种得以进化，它们通常都对炎热、干旱以及盐碱化等环境条件产生了相近的适应性。当然，在最严苛的气候条件下，比如撒哈拉沙漠的大部分地区是缺乏动植物的。而在其他地区，比如北美洲索诺兰沙漠和南美洲蒙特沙漠的部分地区，经常是植物生长繁盛的地区。有些植物形状雄伟高大，比如下加利福尼亚的巨型仙人掌或者索科特拉岛的龙血树。相比之下，很多在南非肉质植物生长的卡鲁（Succulent Karoo）地区生长的所谓石生植物，则体形娇小，以至于观赏它们的时候人们必须屈膝或将其置于掌中。动物物种无论大小，在沙漠上都有所分布，但并不常见，这是因为它们大多数为了避开日间的炎热高温，都具备夜行性或者晨昏习性。因为资源的匮乏，沙漠里动物的数量相对较少。

尽管我去过北美洲、亚洲和非洲的很多沙漠地区，对本卷书的研究仍是一个学习的过程。比如，我现在意识到很有趣的事，我在温室里悉心照料的6英寸（约15厘米）高的植物，由于在纳米比亚的岩石山区的自然环境中可以获得更好的生长条件，它们会长到15英尺（约4.5米）高。我现在对这些植物有了更深入的了解，同时使我对它们的照料更得法。当我们说沙漠有着“残酷”的环境条件的时候，我们是站在人类的观点来考虑问题的。比如让枫树和木兰树在沙漠里生长就是不适合的，而中纬度森林地区的多雨环境对已经适应了沙漠环境的动植物来说就是“残酷”的。简单地说，给你的仙人掌浇太多的水它就会死。很多人类生存的地区被认为是干旱或者半干旱地区，有时这是必需的，有时完全就是因为我们喜欢阳光和少雨的日子罢了。如果居民意识到当地的园林植物对环境的需求有较高条件的话，这一地区的水分供给就会被更好地利用。沙漠世界中植物的形状、颜色、质地纹理以及花朵的多样性，为耐旱植物地貌景观提供了丰富的选择性。

沙漠的生态环境是脆弱的。植物通常历经数年生长才会成熟。稀疏而又不可靠的降水，酷暑或者严寒，以及贫瘠的土壤，可能意味着一个被破坏的地区永远都不会完全恢复过来。在其之上靠植物为食或者以此为依托的动物也会同时受到负面的影响。

沙漠降水稀少，但并非都会有着持续的高温。本书第一章解释生物对各种因素，比如气温、降水以及对世界上所有沙漠的普遍适应性。笔者根据选定的不同地理区域分别进行阐述，对气候、植被以及动物种类的不同性进行描述。

质地纹理方面的内容是以众多的地图、图表、照片和素描方式加以说明的。此书的读者不仅仅是初中和高中学生，同时也包括了那些大学本科生和所有对沙漠自然环境感兴趣的人。

在我完成此项目的过程中，凯文·唐宁为我提供了宝贵的意见和很多帮助，在此我向他致以谢意。杰夫·迪克逊在深刻地理解我的草图基础上为此提供了重要的插图。拉迪福德大学地理系的伯纳德·库恩尼克为我准备了世界各地区的沙漠分布图。有些人慷慨地为这本书提供了图片，而另外一些人惠览了我的草稿并提出了宝贵意见。尤其要提到的是比约·乔丹，他帮助我解决了对于东半球沙漠啮齿类动物某些现象的困扰和迷惑。同时，对于帮助我完成此书的所有人士，我在此致以诚挚谢意。本书中如果出现任何错误，完全系本人所致，希望在以后的学习与研究中来纠正。

目 录

如何阅读本书

本书第一章为沙漠生物群落概述，其后介绍了暖沙漠生物群落、冷沙漠生物群落以及西部海岸雾沙漠生物群落。简要描述了其相似性的特点，比如生物群落以及动植物适应的物理环境，其后章节为全球范围内的一般概述和特定生物群落的具体特色描述。区域性的描述按照其具体所处的大洲来划分。每一章节及对每一地区的描述都能独立成章，但也有着内在的联系，在平实的叙述中，能够给读者以启发。

为方便读者的阅读，作者在介绍物种时，尽可能少使用专业术语，以便呈现多学科性，对于书中出现的读者不太熟悉的术语，在书后的词汇表中有选择地列出了这些术语的定义。本书使用的数据来自英文资料，为保证其准确性，仍以英制计量单位表述，并以国际标准计量单位注释。

在生物群落章节介绍中，对主要的生物群落进行了简要描述，也讨论了科学家在研究及理解生物群落时用到的主要概念，同时也阐述并解释了用于区分世界生物群落的环境因素及其过程。

如果读者想了解关于某个物种的更多信息，请登陆网站www.cccbs.net，在网站中列出了每章中每种动植物中文与拉丁文学名的对照表。

学名的使用

使用拉丁名词与学科名词来命名生物体，虽然使用起来不太方便，但这样做还是有好处的，目前使用学科名词是国际通行的惯例。这样，每个人都会准确地知道不同人谈论的是哪种物种。如果使用常用名词就难以起到这种作用，因为不同地区和语言中的常用名词并不统一。使用常用名词还会遇到这样的问题：欧洲早期的殖民者在美国或者其他大陆遇到与在欧洲相似的物种后，就会给它们起相同的名字。比如美国知更鸟，因为它像欧洲的知更鸟那样，胸前的羽毛是红色的，但是它与欧洲的知更鸟并不是一种鸟，如果查看学科名词就会发现，美国知更鸟的学科名词是旅鸫，而英国的知更鸟却是欧亚鸲，它们不仅被学者分类，放在了不同的属中（鸫属与鸲属），还分在了不同的科中。美国知更鸟其实是画眉鸟（鸫科），而英国的知更鸟却是欧洲的京燕（鹟科）。这个问题的确十分重要，因为这两种鸟的关系就像橙子与苹果的关系一样。它们是常用名称相同却相差很远的两种动物。

在解开物种分布的难题时，学科名词是一笔秘密“宝藏”。两种不同的物种分类越大，它们距离共同祖先的时间就越久远。两种不同的物种被放在同一属类里面，就好像是两个兄弟有着一个父亲——他们是同一代且相关的。如是在同一个科里的两种属类，就好像是堂兄弟一样——他们都有着同样的祖父，但是不同的父亲。随着时间的流逝，他们相同的祖先起源就会被时间分得更远。研究生物群落很重要的一点是："时间的距离意味着空间的距离"。普遍的结论是，新物种是由于某种原因与自己的同类被隔离后适应了新的环境才形成的。科学上的分类进入属、科、目，有助于人们从进化的角度理解一个种群独自发展的时间，从而可以了解到，在过去因为环境的变化使物种的类属也发生了变化，这暗示了古代与现代物种在逐步转变过程中的联系与区别。因此，如果你发现同一属、科的两个物种是同一家族却分散在两个大洲，那么它们的"父亲"或"祖父"在不久之前就会有很近的接触，这是因为两大洲的生活环境极为相同，或者是因为它们的祖先克服了障碍之后迁徙到了新的地方。分类学分开的角度越大（例如不同的家族生存在不同的地理地带），它们追溯到相同祖先的时间与实际分开的时间就越长。进化的历史与地球的历史就隐藏在名称里面，所以说分类学是很重要的。

大部分读者当然不需要或者不想去考虑久远的过去，因此拉丁文名词基本不会在这本书里出现，只有在常用的英文名称不存在时，或涉及的动植物是从其他地方引进学科名词时才会被使用。有时种属的名词会按顺序出现，那是它们长时间的隔离与进化的结果。如果读者想查找关于某个物种的更多信息，那就需要使用拉丁文名词在相关的文献或者网络上寻找，这样才能充分了解你想认识的这个物种。在对比两种不同生态体系中的生物或两个不同区域中的相同生态体系时，一定要参考它们的学科名词，这样才能确定诸如"知更鸟"在另一个地方是否也叫作"知更鸟"的情形。

第一章
沙漠生物群落概述

沙漠一词暗含丰富的语义。很多人认为沙漠就是由一座座沙丘组成的不毛之地，那里没有水，也没有生命。然而人们对沙漠的这一看法显然仅能定义极少数几种沙漠形态。在沙漠地带中确实难觅生命迹象，但也并非不存在。气候条件、土壤中某些物质的过剩或缺乏，或人类的活动等，都可能成为沙漠的成因。土壤中的某种成分过度丰富，比如含有过量的钠，可能会使植物的生长严重迟滞，这片土地就会变得贫瘠荒芜。过度放牧或乱砍滥伐，也会使某一地区的生态环境由于水土流失而遭到彻底破坏，成为生命杳然的荒漠。城市已经被称作都市沙漠。本册书主要讨论的生物群系是气候性沙漠中独特的动植物组合。这类组合能够适应由沙漠所处位置决定的或炎热或寒冷的干旱的气候条件。

目前还没有一种被普遍接受的说法来定义气候性沙漠的成因。可以以降雨量的缺乏为基础对其进行定义，然而科学家们却在降雨量是应该少到5英寸（约125毫米）还是应该多达15英寸（约380毫米）才算缺乏这个问题上不能达成一致。柯本气候分类法将潮湿性气候与半干旱性气候的区别界定在蒸发量是否等于降水量。这一分类法还武断地将半干旱性气候与干旱性气候的区别界定在蒸发量是否为降水量的两倍。专业术语只会进一步混淆问题的实质——沙漠、半沙漠、次沙漠、干草原——任何一个术语都没有确切的定义。沙漠的广义概念主要集中在蒸散量(兼有蒸发与散发的双重过程）是否有可能大于降水量这一事实上。这就意味着如果某一地区被称作沙漠地带，那么它蒸发掉的水量或被植物汲取的水量可能要大于它的降雨量或降雪量。湿润性气候中降水量超过蒸散量，多余水量流入河流和小溪。沙漠地区却与之不同，其水资源的缺乏导致河道干涸，河流经常断流。因为潜在蒸散量（PET）主要取决于温度（温度越高，水分的散失越多），所以只说沙漠的降水量会引起歧义。像亚利桑那州南部地区就是拥有年降雨量大约10英寸（约250毫米）的沙漠地区，它的气温和蒸发量都很高。沙漠地区的气候也并非总是炎热的。像蒙古高原那样比较凉爽的地区也是沙漠，因为那里降雨量更少。降水的季节性，也就是说降水是主要集中在寒冷的冬季还是在炎热的夏季，在蒸散量与降水量的关系中是一个重要因素。冬季降雨对动植物来说更为有用，因为水分蒸发得较少，而夏季的降雨很可能完全没有被利用就已经蒸发掉了。因此，如果两个地区的年降水量相同，那么夏季降

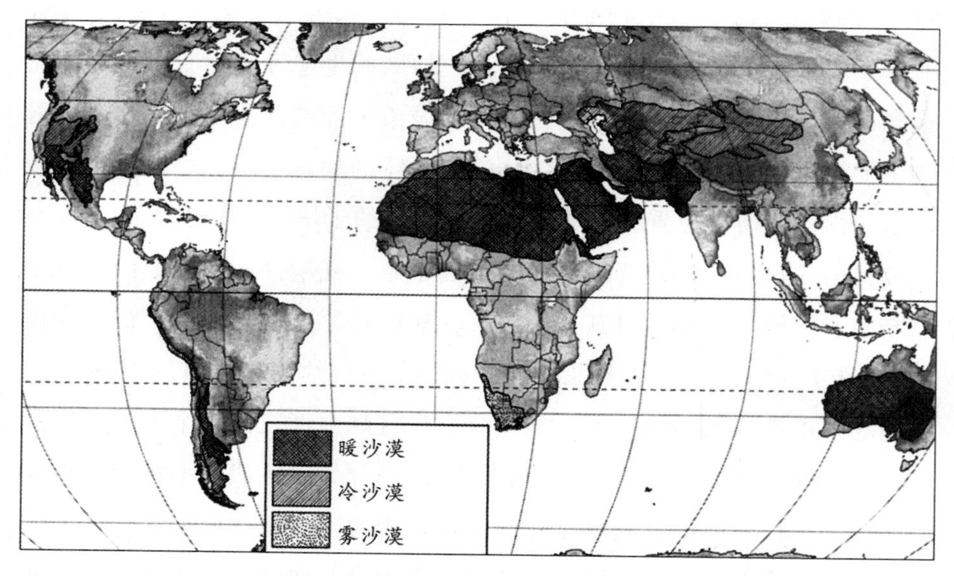

图1.1　沙漠在世界范围内的分布都很广阔，无论是在热带还是在中纬度地区　（伯纳德·库恩尼克提供）

水的地区比冬季降水的地区更干旱。

就像沙漠一词有若干定义一样，全世界的沙漠也可以用若干种方式进行细化（见图1.1）。本册书将描述三种主要类型的沙漠——暖沙漠、冷沙漠和西部海岸雾沙漠（见表1.1）。暖沙漠主要分布于亚热带地区，以气温很少降到冰点以下为特征。中纬度地区的冷沙漠常有极端气温，

表1.1 暖沙漠、冷沙漠及西部海岸雾沙漠的物理环境

特征	暖沙漠	冷沙漠	西部海岸雾沙漠
位　置	热带和亚热带地区（南北纬10°~35°)大陆西侧	中纬度地区（北纬35°~50°)广阔大陆的内部或主要山脉的雨影区	热带地区（南北纬10°~35°）西部海岸的狭长地带
温度控制	热带地区;低海拔强烈的太阳辐射	受大陆影响中纬度季节性有所增强;中度海拔	寒冷的沿岸流使热带气温有所降低
夏季平均气温	85~95℉(约29~35℃)	70~80℉(约21~27℃)	65~75℉(约18~24℃)
冬季平均气温	45~60℉(约7~15℃)	20~40℉(约-7~4℃)	50~65℉（约10~18℃)
极端高温	110~120℉(约43~49℃)	100~110℉（约38~43℃)	90~100℉(约32~38℃)
极端低温	20~30℉(约-1~-6.5℃)	-15~-40℉(约-26~-40℃)	30~45℉(约-1~7℃)
降水控制	副热带高压控制	大陆区或雨影区；带有干燥气团的气旋风暴	副热带高压控制;寒流使空气不波动
年降水量	0~10英寸(约0~250毫米)；只降雨	0~10英寸(约0~250毫米)；夏季降雨,冬季降雪	0.5~5英寸（约13~125毫米);冬季降雨,夏季有雾
降水的季节性	夏季、冬季或零星	冬季有气旋风暴,夏季有对流风暴	冬季
土　壤	钙化,盐碱化,旱成土,泛域土,盐田,多岩石的,沙化的,少腐殖土壤	钙化,盐碱化,旱成土,泛域土,盐田,多岩石的,沙化的,少腐殖土壤	钙化,盐碱化,旱成土,泛域土,盐田,多岩石的,沙化的,少腐殖土壤

夏季炎热，冬季气温在冰点以下。北半球由于有更为宽广的大陆，暖沙漠和冷沙漠的规模和温差也更大。而南半球的沙漠面积有限。同理，在亚洲和非洲更为宽广的大陆上分布着比北美洲更加阔大干燥的沙漠。西部海岸雾沙漠主要分布在热带和亚热带地区，但仅限于大陆的西部海岸。在这一章中将会谈到一些小的地区性的沙漠，因为分布其中的动植物组合非常独特。雨影区的分布也可能对各类沙漠自然条件的形成起到一定作用。

极地沙漠

北极的部分地区和南极也经常被称作沙漠，因为很少有生命可以在那里存活。然而极地沙漠的环境却与中低纬度地区由于降水量缺乏而形成的沙漠的环境截然不同，因此这两种沙漠形态不应归属一类。那里降水虽然稀少，但极寒的气温也限制了水分的蒸发，当地的动植物具备卓越的适应那里寒冷干燥的气候条件的能力。参见本丛书中《北极和高山生物群落》一书。

等　焓

物理学在决定是下雨还是干旱这个问题上具有重要的作用。在等焓过程中，空气会因膨胀而冷却，因压缩而变暖，但并没有获得或丢失任何能量。气温的变化仅仅是由因膨胀或压缩所导致的体积变化所引起的。空气被压缩后才能使自行车轮胎膨起，把空气从自行车轮胎中放出后，空气因膨胀而冷却下来。再把空气泵入轮胎中，轮胎中的空气又会变暖。当空气在大气层中上升时，会因膨胀而冷却下来。再依靠诸如相对湿度等一些其他条件，冷却的空气就可能形成云。相反，当空气下降时，会因压缩而变暖，云也就无从形成。

物理环境

气候环境

降水量　三种因素可能会引起降雨稀少。气象高压，意指空气变重下沉过程中逐渐增温并阻止了云的形成。增高的温度降低了相对湿度，从而阻止了云的形成并增加了蒸发量。然后，出乎意料的是，暖空气变得轻而不稳定，有上升倾向，但更强的高压就像一个盖子始终位于其上，当条件符合的时候，暖湿空气可能会上升，变冷，形成云。因为温暖及很低的相对湿度，这种不稳定的空气通常不得不上升到很高才能生成雷暴云。有时可以看到深色雨条纹从巨大的沙漠云团底部垂下，但它们没有到达地面，什么都不会被它打湿。因为雨水在到达地面之前就在干旱的沙漠空气中蒸发掉了，这种特殊现象被称为雨幡。山脉背风坡区域处于盛行风向的雨影区内（见图1.2）。风接近迎风坡时必须抬升。上升的空气因扩散而冷却，而且如果可以足够冷却下来的话，云就开始形成了。在背风坡面，空气下沉回落，如同高压般变暖并阻止云的形成。干燥的背风坡面被称为雨影区。风的方向决定了山脉的哪一面湿润、哪一面干燥。在沿海地区沿岸寒冷洋流作用下，水冷却了空气并使其稳定下来。当冷空气被

尘　暴

尘暴可能类似于小龙卷风，但那些小型旋风又与之非常不同。沙漠地表的不规则性造成某地点比邻近区域热。高温所造成的区域性低压，使空气以紧密的螺旋方式上升，因为风中裹挟着沙子和小土壤颗粒，所以这种螺旋是肉眼可见的。尘暴通常存在时间短，仅可持续数分钟。

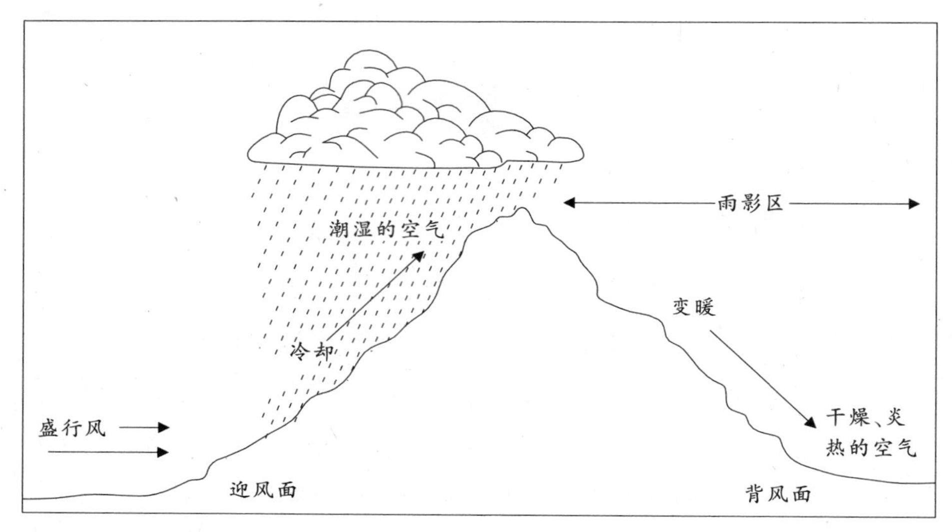

图 1.2　山脉迎风坡面通常多雨，而背风坡面或者雨影区则很干燥（杰夫·迪克逊提供）

吹向临近陆地时，由于滞重而下沉，同样阻止了云的形成和降水的产生。很多沙漠都受到了超过一种以上的这些干燥效应的影响。以30年为期进行的年平均降水量计算，只能期望得到一个特定年份内降水量的近似值。降水是零星分布的，不可预期。有时经年累月不下雨，有时倾盆大雨不期而至。非常笼统地说，雨雪形式的年降水量要少于10英寸（约250毫米）。

气温　根据沙漠种类的不同，气温在极端高温和极端低温之间变化很大。位于亚热带纬度的暖沙漠全年从暖到热，气温在50~110℉(约10~43℃)，极少经历低于0℃以下的气温。位于中纬度地区的冷沙漠有极端气温。日照长的夏日可以将气温提升至90~110℉（约32~43℃)。冬天的短日照和极地气团可使每天夜间出现冰冻，而且气温在白天可能并不会明显上升。冬季的月平均温度接近或者远低于冰点，而且越深入内陆地区气温就越低。尽管西海岸雾沙漠地处副热带纬度地区，但在海洋的调节作用下全年气温温和，在50~75℉（约10~24℃)。西海岸沙漠的内

大陆性与海洋性

夏天为什么在湖边或者海边会感觉凉爽，甚至在游泳池边也一样？因为让水温升高或者降低都需要很长的一段时间。夏季，水吸收并储存热，留下来的提升空气温度的能量就会变少，所以临近水边的地区就会比内陆更凉爽。冬季，水会慢慢地释放储存的能量，为周围陆地加温。相反，陆地升温和降温却更快，并且大陆面积越大，气温的极端数据就越大。如果一个地区受到水的影响，会被称作海洋性气候，其气温的季节性变化会很温和。如果一个地区没有受到水的影响，将会经历更冷的冬季和更热的夏季。

陆地区会经历极端的气温，冬天更冷而夏天更热。

无论是每日的、每月的还是每年的气候数据，通常它们都只能提供平均气温，这样就掩盖了许多重要的变化。计算日平均气温的方法就是用最高和最低气温相加再除以二。一天内气温的变化以及如何变化，对动植物来说通常比平均气温更重要。如果一天内最高温度是120℉（约49℃），而最低温是70℉（约21℃），平均温度是95℉（约35℃），那就意味着一种动物或者植物不仅要有能力在95℉（约35℃）的温度下生存，还要能在120℉（约49℃）和70℉（约21℃）之间的任何温度下生存。同样的逻辑也适用于月平均气温和年平均气温。事实上，年平均气温是一种误导。纳米比亚（非洲）的沃尔维斯湾和加利福尼亚（北美洲）的巴斯托的年平均气温都是60~65℉（约15~18℃），这样的数据没有提供给你一年中气温变化的任何情况。沃尔维斯湾一年中最热和最冷的月份的平均气温分别是66℉（约19℃）和52℉（约11℃）。在巴斯托，最热月平均气温是102℉（约39℃），而最冷月平均气温是31℉（约–0.6℃），极端气温变化当然充满更多变数。

地质和土壤

沙漠中植物和动物的地区性分布与当地不同类型的环境相关。石质土壤倾向于涵养更多的水源并支持更多种类的生命。能够适应盐碱和沙地环境的动植物则数量有限。因此，沙漠景观所展示的其实是一个建立在地貌、岩石和土壤等特性基础上的镶嵌式生物群落。

鉴于事实，沙漠被定义为缺少水分的区域，并且大部分时间沙漠河道干涸，流水仍在侵蚀过程中起到主导地位。取决于其处在世界上何种区域，干水道分别被称为冲积层、干谷、旱谷。很多沙漠地区具有内陆水系的特点，降水从来不会到达海洋，相反，却排入两侧较高山脉中间区域的“内部”。因此，流水挟带的沉积物（沙和砾石）不是在海洋而是在任何水可能下渗或者蒸发的内陆地点沉积。沙漠地貌景观的特点常

图1.3　较慢的速度迫使水流中的泥沙沉积，因而冲积扇多形成于沙漠地带陡峭山脉的山脚下　（杰夫·迪克逊提供）

常是从陡峭的高山或悬崖突然变化为坡度平缓的平原或平滩（见图1.3）。每当倾盆大雨骤降时，大量的沉积物就会被湍急的水流裹挟而下。当水经陡峭的山前峡谷流出后，更为平缓的坡度使水流很快减低速度。水流减速的同时，也失去了携带沉积物的能力，这些物质便在山脚下长而缓的斜坡上沉积。较大颗粒物质，可能甚至是些大石头，首先下沉，更细的物质依次连续地沿斜坡沉积。这种长而缓的沉积物斜坡就是冲积扇。联合冲积扇被称为山麓冲积扇。在冲积扇基面，水很有可能以渗透的方式滤过冲积扇层，重新出现在地表，从而形成泉。如果地表水或者地下水流至山谷中的最低点，将有可能形成一个只有几英寸深的临时湖泊。随着水分的蒸发，本应外流入海的盐分相反却在表面堆积。这些通常干燥的湖床被称为干盐湖。表面可能是黏土或者是盐层。最常见的盐分就是普通食盐（氯化钠）和碳酸钙。

风在侵蚀和沉积的过程中会起到作用，但通常其作用具有局限性并且很微小（见图1.4）。黏土和淤泥中最细小的斑点，即灰尘，可以被卷至1万英尺（约3000米）或者更高，但即使是强风也无法将沙子裹挟到很高的地方。因此，那种悬崖被吹砂磨蚀的观念只是一个神话而已。通常来说，沙子只能悬浮于5英尺（约1.5米）高的地面之上，因此，风力侵蚀的程度是有限的。虽然模式化的沙漠景观除了广袤的沙海别无他物，但现实中，沙丘只占沙漠总面积的20%。撒哈拉大沙漠的流沙区被称为砂质沙漠。风力侵蚀最常见的结果就是沙漠砾石滩。风蚀过程中，风卷起并携带

水　垢

积聚在茶壶中的白色硬皮状的水垢，是碳酸钙，也被称为石灰。溶解的钙在水蒸发的时候固化凝结。如果水质“硬”的话石灰会固化凝结得更快，说明水里含有很多溶解的矿物质。同样的过程也出现在沙漠土壤中，尽管速度慢得多。

图1.4　两种主要的沙漠景观：(a) 沙丘，有时叫作沙质沙漠；(Kh.特尔比什提供)(b) 沙漠砾石表层　(作者提供)

走了表面细腻的颗粒——沙和淤泥，长此以往，留下的较大的砾石和卵石大小的岩石逐渐充填进余下的空隙并被紧密压实。这样的表面非常像鹅卵石路面。在北非的某些国家，多石的地表被称为砾漠。尽管这种卵石镶嵌地面的硬度对行走来说不成问题，但如果反复使用或者在其上行车的话，表层就可能损坏。当沙漠砾石滩受损后，无保护层的地下层便显露出来，当水道出现并增大时，侵蚀便可以不受限制地发展了。

位于固体表面的所有细小微粒都可能被风彻底吹走，只留下光秃秃的岩石，被称为石漠。从邻近地区吹来的或者在平静时期逐渐积累于岩石表面凹陷的空洞中的沙子，可以将光秃秃的岩石吹磨侵蚀和雕刻成各种奇形怪状，被称为雅丹地貌。单独一块岩石，无论大小，被风塑造后称为风棱石，意指“由风制造”。

沙漠生物群落的特点就是岩石露头以及岩化、沙化和盐碱化的土壤。因为植物的凋落物稀疏，土壤拥有很少的腐殖质成分。在多雨的环境下发生的化学反应可以改变土质中的培养基，并产生真正的土壤，这种土壤拥有本身特有的地层（层位）构造，以显现出其土壤质地和营养成分的具体特点，但是，水的缺乏限制了这一化学反应。腐殖质的缺失也阻碍了对水的吸收和留存。然而，无论穴居动物在哪里搅扰地壳和翻转土壤，都会使更多的水分浸入其中。由于大多数水分在有机会深入渗透到土壤之前就蒸发掉了，所以很少或者根本就没有淋溶过程发生，而这个过程恰是营养成分分配到不同地层层位的过程。美国水土保护局把沙漠土壤列为旱成土就反映了其缺水的特点。

碳酸钙可能会堆积在地表或浅层。当雨水浸透到土壤中部，水中溶解的碳酸钙便在水分蒸发的高度开始结晶并堆积。钙质可以显现为孤立的白色小点或者一种叫灰质壳、钙质壳或者钙结砾岩的厚厚的连续结晶层。尽管通常只有几厘米或几米厚，但目前已测量到的钙质壳有300英尺（约90米）厚。它就像水泥一样坚硬且密不透水。水和植物根系无法穿透钙质壳。随着时间的推移，很多的盐分在其上部的土壤中积聚，以至于这一区域成为不毛之地。农民们有时采取炸药爆破的方法在钙质壳上打洞。其他具有强碱性和表面有盐壳的区域是间歇性湖床或者干盐湖。喜盐植物可能围绕着这些平地的周边生长，但其中心地带则寸草不生。

因为疏松的土壤和宽大的颗粒间孔隙限制了水的渗流，防止水被拉升至地面蒸发掉，沙丘区域通常更湿润。根系扎入潮湿的深层沙层的植物会拥有更可靠的水源供应。

强风暴期间或者过后出现的地表间歇性水流，抑或是地表下的地下水，都会使水积聚，因此临近水道生长的植物比仅仅依靠降水生长的植物会有机会获得更多的水分。河岸植被，意指沿水道生长的植物，在对沙漠环境的适应方式上，与那些仅仅依赖当地降水条件生长的植被截然不同。

与河岸接壤生长的植物，如生长在穿越撒哈拉沙漠的尼罗河畔，或者是生长在穿越美国西南部的科罗拉多河畔的植物，其实并不是真正意义上的沙漠植物。这些河流发源于湿润气候区域而流经沙漠。尽管水位随季节和融雪波动，但充足的水源供应使植物不需要用特殊的适应方式来汲取水分。这同样适用于在沙漠绿洲内生长的植物，绿洲有像泉水或者地下水似的水源，并不需要依靠本地降水。在绿洲内生长的棕榈树因为它们不能完全适应干旱，其实并不是真正的沙漠植物。

常见的适应方式

只有很少动植物的种、属，甚至科、目会在所有大陆的沙漠中都常见。每个大陆都有其独特的生物群，这显示出它们是从临近的更湿润的栖息地演变而来的。尽管大多数沙漠动植物不会在沙漠之间迁徙蔓延，但它们很多的生长形态却有着相似的适应机制。趋同进化这个术语是指在分类学上不相关的植物（或者动物）可以对环境演变出相似的适应方式的现象（见图1.5）。仙人掌科和大戟科是两种经常被混淆的植物科目。在苗圃类网点出售的大戟科植物常被标为仙人掌。这种误认源于某些植物表面看起来很相似这种事实。尽管没有植物学上的关联，但两个科目都源于相似的沙漠环境并且进化出了相似的耐旱性机制。两个科目都包含了很多种干肉植物，很少或者没有叶片，很多都有直根（见植物的适应方式部分）。仙人掌是美洲的地方性植物，大戟科植物的分布则广泛一些。但很多干肉类植物种类只生长在亚洲和非洲。肉质大戟科植物一般比仙人掌科少刺，干旱使叶子零落但仍可能有部分残留。大戟科一种额外的防卫机制是它有含毒的汁液，一种白色奶状物质，轻则刺激皮肤，严重时可致盲。一品红（猩猩木），这种普通的植物，也是以其毒性特质而出名的一种大戟科植物。大叶肉质类植物在一些暖沙漠中也很常见。美洲暖沙漠中生长龙舌兰、丝兰以及相似植物在非洲被替换成芦

图1.5　趋同进化图解：(a) 亚利桑那州风琴管仙人掌；(b) 西南部非洲的大戟科植物；(c) 生长在加利福尼亚的短叶丝兰木；(d) 生长在南部非洲的沉香木　(作者提供)

荟。它们的生长形态相似，都有玫瑰花形状的大型肉质类植物叶片，有时可以长到树一样高。

趋同进化也同样出现在动物中（见图1.6）。北美洲沙漠中的小更格卢鼠同撒哈拉沙漠中的跳鼠完全没有关系却有着类似的生理特点和外观。同样，北美长耳大野兔同南美的巴塔哥尼亚野兔也没有关系，北美沙漠中常见的墨西哥狐，在外表和习性上同北非的耳廓狐相似。不同大陆上的很多没有关系的蜥蜴，在用爪和头挖沙洞避暑这方面，却拥有相似的适应能力。

图1.6　动物在趋同进化方面的例子包括：(a) 北美长耳大野兔；(b) 南美的巴塔哥尼亚野兔；(c) 北美的墨西哥狐；(d) 北部非洲的耳廓狐　(作者提供)

所有生命在沙漠中生存必须面对和适应三个环境条件——干旱、高温和高盐。在低水量供应和高温环境下生长的动植物面对一种矛盾的生存状态。水对保持植物细胞饱满是必需的。没有足够的水分，细胞萎缩，植物干枯。但是，植物在蒸腾过程中一定会损失水分。动物一定要能够保持身体的水分，但蒸发性的冷却却是降低体温所必需的。如何平衡对必需水分的需求与必需使用水分的需求之间的关系，是这一适应性问题的关键。冷沙漠甚至在夏季也会有极端的气温条件，因此动植物都已经进化出相应的机制、行为或者生长形态，以控制它们的内部体温。动植物也都有避免强烈太阳辐射和高温的数种手段。尤其是动物特别要控制体温。高温加重了干旱和水分流失，所以把避热与适应性完全分开是不可能的。由于水在沙漠中稀缺，通常需要用大量水分稀释的盐分或者在土壤里，或者在植物体内，或者在植物上得以累积。在这种土壤上生长的植物或者以多盐植物为食的动物，必须有清除多余盐分的方法。

植物的适应方式

很多植物生长于沙漠，但只有旱生植物才能长期抵御并生活在干旱的环境下（见表1.2）。可以汲取更多水分、沿河道生长的植物，或者在

表 1.2　植物名称及适应方式

植物名称	适应方式	植物名称	适应方式
皇玺锦 仙人掌 大戟科植物 绞股蓝 马麒麟属植物 魔星花属植物	茎多汁性	洋槐 杨属植物 牧豆树属植物 柳属植物 柽柳属植物 沙生冰草	潜水湿生性
龙舌兰属植物 芦荟 青锁龙属植物 沙生凤梨属植物 伽蓝菜属植物 生石花属植物	叶多汁性	豚草属荒野龙 蒿属植物 牧豆树 黑肉叶刺茎藜 梭梭柴	根水倒流
天宝花属植物 裂榄属植物 波药属植物 葡萄瓮属植物 马麒麟属植物 刺铃属植物	基底多汁性 （茎秆状化）	蒿属植物 巨人柱 梭梭属植物 牧豆树 武伦柱 毛花柱属植物 蒿属植物	直根性 （非潜水湿生性）
洋槐 亚龙木属植物 沙拐枣属植物 假紫荆属植物 梭梭属植物 牧豆树 塔叟塔 牧豆树属植物	小叶性	滨藜属植物 瓣鳞花科植物 盐节木属植物 琵琶柴 碱蓬属植物 柽柳属植物 霸王属植物 番杏科植物	浅根性

<table>
<tr><th>植物名称</th><th>适应方式</th><th>植物名称</th><th>适应方式</th></tr>
<tr><td>箭毒胶属植物
仙人掌
假紫荆属植物
大戟科植物
魔星花属植物
辣木属植物</td><td>很少或者无叶
绿茎</td><td rowspan="2">亚龙木属植物
蒿属植物
仙人掌
景天科植物
一年生植物</td><td rowspan="2">C_4或者CAM</td></tr>
<tr><td>麻风树属植物
蒿属植物
仙人掌
牧豆树属植物
加州希蒙得木</td><td>蜡质表层或者
硬角质层</td></tr>
<tr><td>亚龙木属
黑刺李
蜡菊木
厚敦菊属
马麒麟属植物
天竺葵属的植物</td><td>旱季落叶性</td><td>牧豆树属植物
番杏科植物
仙人掌属植物
（丘雅仙人掌）</td><td>躲避性毒素和
植物相克</td></tr>
</table>

注：CAM=景天酸代谢

很短的湿润季节里就能完成它们生命周期的植物，具有了在沙漠生存下来的适应能力，但它们却不被认为是真正的旱生植物。有些旱生植物在短时间内失去的水分可达到75%。极端的情况是，纯旱生植物，失去94%的水分仍可以存活。来自奇瓦瓦沙漠上的一种石松就是这种植物的案例。尽管已经脱水，可在降水后的数小时内就能复活。很多种植物都有超过一种以上的适应方式。

多汁性

多汁性，是植物储存水分以便在干旱时期使用的一种能力，是最容易识别的一种对沙漠气候的适应性。水分可以在植物的不同器官里得以储存——茎、叶、基部、根或者鳞茎——而且植物也许会有超过一种以上的多汁属性（见图1.7）。仙人掌的茎部就是多汁性的例子。仙人掌垫

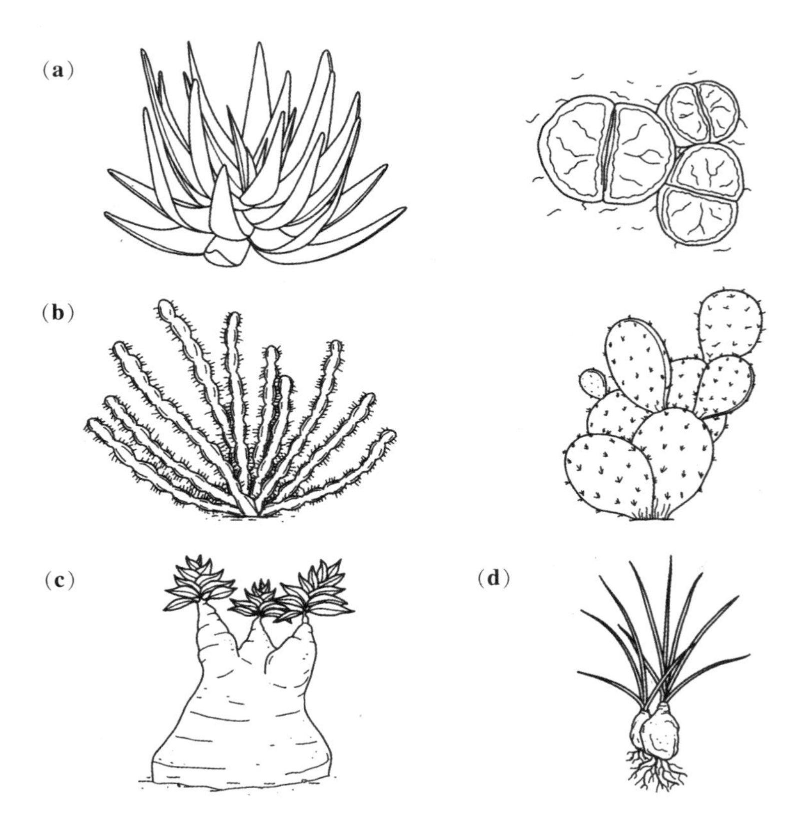

图 1.7 植物通过不同种类的多汁属性来适应干燥的气候。(a) 多汁的叶片可以是大的，高达几米，或非常小，不到 1 英寸（约 25 毫米）；(b) 茎多汁是由不同类型的仙人掌或者大戟科植物作为典型；(c) 基底部多汁，植物将水分储存于粗大的基底或鳞茎部，又被称为茎干状化；(d) 根系或者球茎将水分和能量储存于地表之下（杰夫·迪克逊提供）

或者仙人掌体实际上就是植物的茎，它们会根据水分的多少来收缩或者扩展。比如像龙舌兰或者芦荟的肉质肥厚的叶片，同样也会储存水分。植物的基部或根须吸水后就会膨胀，或者位于地上或者位于土壤内的膨胀变大的部分，茎基或者基部，遂被称为茎干状化。西南部非洲的葡萄瓮属植物和马麒麟属植物就是例子。有些植物，比如百合就用鳞茎储存水分。

与多汁性相反的极端表现就是几乎完全的脱水。氰基生物，从字面上讲是指隐藏的生命，可以使蓝藻、水藻、线虫和地衣类物质在脱水的状态下存在。微小的或微观的生物有能力成为几乎完全干燥状态，只保留原水体质量的1%~5%。在雨水充足的情况下，它们会在数小时内补充水分并变得活跃起来，当土壤变干后便又回复到脱水的状态。经常可以在黏土或粉砂质土壤里发现它们的身影，数以百万计地聚集于一处，形成了一个脆弱的地表硬层。

叶和光合作用

植物在蒸腾过程中使水分以蒸汽状态散失到大气中，而叶子的尺寸大小和纹理的变化限制了水分的丢失，更小的叶子最大限度地减少了水分的蒸发。常见的如假紫荆属和洋槐的细小而复合类型的叶子可以防止萎蔫。距离植物叶脉最远部分的叶子首当其冲受到缺水的影响。通过将一大片单叶变成一个复叶，叶片面积减少了。有些如石炭酸灌木的叶片肥厚并具有蜡质保护层。有坚韧组织的硬质叶片并不需要水分来保持充盈形态，如果干旱时能够保持其形态而不萎蔫，组织的损伤就会减小。像葡萄瓮属一样，植物的茎或茎基也可以是蜡质的。仙人掌的叶子被替换成了刺。仙人掌并不需要叶子，因为光合作用可以在其绿色的茎或者植物体内进行。另外一种保持水分的相应方式是旱季落叶。每当雨水充沛的时候索诺兰沙漠和奇瓦瓦沙漠的墨西哥刺木就会长出新叶，但在旱季的时候叶子就会掉光。一年中可以如此反复几次。很多沙漠植物，甚至不是旱季落叶类型的，都是通过快速生长方式来响应降水的到来。叶片上浅色的茸毛和盐结皮增加了植物的反照率（反射率），并且反射掉了更多的太阳能量。有些植物可以调整叶子方向将窄边对向阳光。沙漠小冬青在温度较低的早上和晚上的时间里撑开它的叶片以获得更多的直射光线，但在中午时却要避开阳光。可是，一年生植物要调整它们的叶

C_4和CAM植物

光合作用以最简单的形式将二氧化碳、水和光组合产生碳水化合物和氧气。碳和水结合释放出氧气。碳基分子（碳水化合物）然后被转化成糖分。尤其是在那些生长在寒冷的高纬度地区的植物体内，通常会产生一种含三个碳的分子。植物的这种运作方式被称为C_3。尽管很有效，但这种方式的一个缺陷就是，当温度高的时候，植物会关闭气孔而使二氧化碳无法进入体内。当叶子的二氧化碳用尽的时候，光合作用停止，植物就有可能进入休眠或者死亡状态。很多生长在热带地区的植物，通过进化而适应了高温，它们采用了一种稍微不同的方式。这些植物被称为C_4。它们产生一种含四个碳的分子。这就允许植物可以利用叶片中低浓度的二氧化碳，以使植物在高温下保持常绿。世界上只有低于1%的植物是C_4植物，但在沙漠中它们的比例很高。

景天酸代谢（CAM），是很多干热气候下的植物使用的第三种光合作用方式，能有效储存二氧化碳以备将来之用。为了限制水分的丢失，在晚间气温低或者相对湿度高的时候，CAM植物将气孔打开。二氧化碳进入植物体内，植物在叶片内将其暂时与有机酸结合。当第二天白天气孔关闭的时候，二氧化碳分子从有机酸分子中释放出来，光合作用便在阳光下进行。在使用一定量水分的前提下，景天酸代谢的方式是高效率的，但只限于短时间内。因此，植物只在干旱时节必要时才使用景天酸代谢方式。否则，植物则利用C_3或者C_4的方式。CAM植物，通常都是多汁植物，生长缓慢并且不常见。

片以截获最大限度的阳光，因为它们需要在自然条件恶化前迅速地完成光合作用。仙人掌由于本身体表面积大而似乎不占优势，但是浅色的刺不仅增加了反照率，同时还提供了遮阴作用。有些年长的仙人掌可以承受140℉（约60℃）的体温。而年幼的植物是无法承受这样的温度的，它们需要遮阴，所以经常会在如石炭酸灌木这种庇护植物的阴凉下发现它们成长的身影。

水分通过植物的气孔蒸发，这些叶片上的开口是光合作用中气体交换时通过的地方。某些沙漠植物，气孔可能在叶片的底面，或者凹陷进去以抵御风的干燥效应。在叶面或者气孔周围可能有茸毛，用来减少空气的流通和帮助维持叶片附近更高的湿度，从而相应地减少了蒸发量。有些草可以将它们的叶片折叠或者卷曲起来，特意隐藏气孔和降低蒸腾。在白天，很多沙漠植物关闭气孔以应对高温，由此来防止出现高蒸发量，到了晚上较冷的时候，再将气孔打开。这种适应性的一个负面影响就是，由于蒸发是在一天中最热的时候发生的，植物并没有在这一过程中以冷却的方式受益。

根　系

根系统的范围包含了存贮单元（茎基或者球茎）和长直根或者大面积的侧根，有些植物的根系是上述几种的组合。大部分植物的根是直根同更浅的侧根的某种组合。大部分植物的直根只扎入湿润的土壤深层而不会到达地下水水位，而沙丘区域或者泉水附近的植物的根系却会沿河床触及地下水平面，这种植物被称为潜水湿生植物。从单一粗根到由很多小根组成的丛根进而构成了多种直根。它们可以在土壤中延续40~60英尺（约12~18米）或者更深。目前已经测到豆科灌木的根长度可达到160英尺（约49米）。对于很多植物来说，直根是首要的营养提供部分，植物萌芽后会快速生长，在地表土壤干涸后，为植物提供了来自深层的水源。

更大些或者更成年些的植物，由于两个原因而长出一系列的侧根——更多的支撑和在更广阔的地表面积内获得水分。侧根在地表下可以长到2~6英寸（约5~15厘米），一场急雨过后，雨水无法渗入土壤深层，而侧根则很快受益。通常，在对土壤水分的吸收方面，植物之间鲜有竞争。各个物种把直根扎入土壤不同深度而将侧根在这些不同的深度展开。结果，每个物种仅仅从一个或者两个土层中获得水分，而并不妨碍其他物种的根系。多岩区域的植物根系发达，是因为多岩区域比细腻的底层土区域水分更充足。雨水过后数小时，有些仙人掌可以长出很细的吸水根须，土壤干涸后便死亡。

在一个被称为根水倒流的过程中，直根可以将水分从深层土壤中输送到植物方便取用的更浅层区域。植物体内的水分通常会从水分多的区域移向水分少的区域。水分被从湿润的土壤中吸收，通过植物体内到达暴露在干燥空气中的叶子。晚间当气孔关闭的时候，植物的细胞会在这种水流的支持下变得水分充足。但是，如果土壤是干燥的，水分就会从植物的根系中进入土壤。深扎的根白天吸收水分，晚间将水分重新释放到地表土壤中，这样就可以方便地供给植物下一天使用。使用这一方法的典型植物是北美山艾、扁穗冰草、木榴油和白刺花。

种子萌芽

很多植物对它们种子的萌芽都有严格的要求，以确保播下的种子将会有更好的生存机会。最明显的要求就是水分，但温度和其他条件也同等重要。有些灌木如石炭酸灌木需要高温和至少1英寸（约2.5厘米）的降水。墨西哥刺木需要一至两周的间隙中有几场不错的降水。

有些种子有一种涂层，必须用化学的或者物理的方法将其去除，这被称为种皮裂开，目的是使种子得以萌芽。一个普通的例子就是沿细涧而生的假紫荆树。它们的种子需要在沿着河床翻滚坠落的过程中以研磨作用的方式脱去涂层。河水使种子落脚在有足够水分供应的栖息地，并确保了种子萌芽后的生存机会。其他的种皮开裂方法可能是化学的或者是真菌分解的作用。春天在密叶滨藜上生长的真菌为种子在温暖湿润的时机萌芽做好了准备。有些种子上含有化学抑制剂，必须有足够的水才能将其洗掉。人们推测在索诺兰沙漠上牧豆树的增多跟种皮裂开这个过程有关。牛吃了牧豆树的种子，然后经过它们消化道后排出，这样种子便有了一个现成的营养源。

很多的沙漠植物通过躲避酷热和干旱得以生存。一年生植物的生命是短暂的，沙漠野花就是短暂生命事例的写照。种子在土壤中蛰伏休眠数年，直到适当的时间内出现足够的降水，以确保植物有足够的水分供应，来完成它们的生命周期，并为下一个周期播种。适当的时间取决于沙漠的降水特点。在以冬季降水为主的沙漠中，一年生植物会在条件更寒冷的晚冬和早春生长和开花。在夏季降雨的沙漠，一年生植物会在夏季气温高的时候开花。一个物种的所有种子不会在同一年里萌芽。如果这样，在植物为将来的生长播好种子之前，一旦有利的条件有所改变的话，这个物种就很容易灭绝。同40%的沙漠物种比较，世界上只有13%的物种是一年生植物，这显示了避旱是一种十分重要的应对机制。尽管肉眼看来沙漠十分贫瘠，实际上土壤中遍布种子。测量数据显示，沙漠山麓冲积扇内每平方英尺有370~18500颗种子（每平方米约4000~200000颗种子)，这个事实解释了沙漠地区遍布以种子为食的啮齿目动物的原因。

盐含量或有毒元素

很多沙漠栖息地的土壤都有很高的含盐量，尤其是干盐湖和盐碱滩，因此，在那里生长的植物必须适应这种环境。盐生植物是可以承受过多盐分的植物。水从盐浓度低的地方流向盐浓度高的地方。正常条件下，土壤含盐量不高，这就容易使水分从土壤流向植物。但是，如果土壤比植物更多盐，植物就不能够得到需要的水分，而且实际上还会被土壤夺去水分。像滨藜这种盐生植物其组织有极高的含盐量，比供它生长的土壤，甚至比海水的含盐量还高。尽管土壤的含盐量也很高了，但对盐生植物而言，高出的盐分允许水分从土壤流向植物。在水分从植物的气孔蒸发的同时，盐结晶在叶片上保存下来，使植物看起来灰蒙蒙的。组织盐分高的额外好处是，尽管富含水分的叶子也许看来诱人，但对大多数动物来说这种植物并不美味可口。除了少数例外，大多数动物往往远离盐分高的植物，因为它们无法得到足够的水来把体内的多余盐分冲洗掉。

无论是对于那些想要吃这种植物的动物，还是对于附近的其他植物来说，很多沙漠植物含有有毒物质。植物相克意指某些植物有种习惯，可以分泌毒素来防止其他种子在其地盘上萌芽，这样就确保它不需要跟其他植物分享本已不足的降水了。在沙漠山麓冲积扇上生长的石炭酸灌木保持均等的间距，就是植物相克的一个好例子。丘雅仙人掌会产生草酸，这是一种用来做杀菌剂和木工漂白剂的毒性很大的化合物。

动物的适应方式

有些动物对干旱、高温以及高盐都有自己独特的适应方式，而有些却没有。形态适应是指跟动物形态方面有关的对热量摄取或水分损失的限制。生理适应涉及身体功能方面的变化使动物在低水供应、高温或者盐分过剩的情况下得以幸存。那些很少或者没有形态或者生理适应方式的动物，依赖行为方式来避免极端环境。许多时候很难把适应方式完全分开并划入这些分类（见表1.3）。

体表面积与身体质量的比例，在调节体温和平衡水分方面尤为重要。大型动物的低比例（小的体表面积同大体形对比）是有益的。小体表面积吸收更少的热量。有更大比例的小型动物（更多的体表面积同小体形对比）是处于劣势的。更大的相关体表面积将吸收更多的能量，而

表1.3　动物名称及适应方式

动物名称	适应方式	动物名称	适应方式
胀身鬣蜥 丘陵袋鼠 阿尔卑斯野山羊 跳鼠科动物 小更格卢鼠 长角羚 红冠鸸鹋鹪莺 卫士弹鼠 林鼠	不单独需要水分，水分来源于食物和新陈代谢过程	沙漠大角羊 美国西部小毛驴 珠颈齿鹑 骆驼 胀身鬣蜥 中亚细亚野驴 长角羚	承受水中体重损失
骆驼 瞪羚 袋鼠 小更格卢鼠 脊尾袋鼬 长角羚 卫士弹鼠 南非跳羚	粪便和尿液浓缩	甲壳纲动物 (例如仙女虾) 锄足蟾 沙漠龟 伊朗地松鼠 囊鼠	美西小型地松鼠
犰狳 鸟类 骆驼 犬科动物 猫亚科动物 长角羚 爬行动物 啮齿目动物	无汗或者少汗	骆驼 郊狼 沙漠象 瞪羚 中亚细亚野驴 长角羚 鸵鸟 沙雉	长途跋涉取水
鸟类 毛皮动物	绝热	大耳狐 野兔 耳廓狐 长耳大野兔 墨西哥狐 巴塔哥尼亚野兔	长附器或者长耳

续 表

动物名称	适应方式	动物名称	适应方式
犰狳 鸟类 鬣蜥 长角羚	高体温	美西地松鼠 犰狳 耳廓狐 沙土鼠 地松鼠 仓鼠 跳鼠科 墨西哥狐 海岛猫鼬 猫鼬 豪猪 鼩鼱科动物 卫士弹鼠 土古鼠 科罗拉多须趾蜥 夫来鼠	掘穴动物
鸟类 骆驼 长角羚 爬行类	血管扩张		
南非土狼 非洲野猫 美西地松鼠 大耳狐 褐鬣狗 山猫 耳廓狐 地松鼠 长耳大野兔 美系野猪 小更格卢鼠 墨西哥狐 巴塔哥尼亚野兔 沙猫 林鼠	夜行或者曙暮习性的	黑背豺 凿齿鼠 小沙鼠 长角羚 南美平原鼠 中北美走鹃 沙鼠 斑胸草雀	耐盐性

使小型动物的体温很快升高。就像一块小石头同一块大石头对比，小型动物因体温升高更快，不得不使自己更能够耐受高体温，而这就需要更多的水来降温，或者不得不使自己有能力躲避高温。同样的理论也适用于水分的损失。大型动物相对它们的体重来说，也会损失更少的水分。

干 旱

水占了动物体重的60%~80%，并且水分损失和体重之间的比例对生存来说是关键所在。水分损失必须用水分摄入来平衡。水分需要通过饮水、食物和代谢创造的方式来获得。一些动物需要自由水分（饮水），而其他动物从食物或者自体生产（代谢水）来获得它们所需要的水。水分主要是通过呼吸和出汗时的蒸发以及排泄（尿和粪便）方式损失掉的。

在沙漠环境中，动物有数种生理上的适应方式来保存水分。有些动物会在有水供应的时候饮水，而其他动物却不会。北美沙漠大角羊在三到五天的时间内不饮水。同大角羊比较，野驴可以一个星期不饮水而身体不呈现病态。两栖动物，比如蟾蜍和青蛙并不饮水而是通过它们的皮肤获得水分。因此，它们的活动范围通常局限在潮湿环境里。有些昆虫像沙漠蟑螂和北美伪金针虫属昆虫可以直接从空气或者潮湿的沙土中汲取水蒸气，但不是液态水。

很多动物从食物中，也就是说，从它们食用的动物身体或者多汁植物中摄取水分，或者是直接摄取或者是间接通过新陈代谢的过程来摄取。大多数动物都依赖这些方式的组合途径获得水分。大部分鸟类需要饮水，有些却能从食物中得到足够的水分。北美甘鹌鹑通过摄食植物的叶子、嫩芽、槲寄生浆果和仙人掌果来获得足够水分。即使看似只含

代谢水

代谢水由食物中的养分氧化而产生。当食物被消化后，糖分被分解。释放出的氢和氧在动物体内结合形成水。不同的食物产生不同数量的水，脂肪的产水量最大。1克的脂肪氧化后得到1.1克的水，而碳水化合物和蛋白质则分别产生0.6克和0.4克的水。猎物体内含有很多自由水并且从蛋白质和脂肪中可以产生很多的代谢水。代谢食物的过程也需要水。为获得氧气而需要呼吸，这是一个使水分丢失的过程，身体排泄废物也损失水分。通常，代谢水的产生并没有使体内水分的净增益增加。

10%水分的干种子也可以提供足够水分。北美的小更格卢鼠和囊鼠以及撒哈拉的跳鼠和沙土鼠可依靠干种子为食得以生存，从不需要单独摄取水分。它们身体所有对水的需求，都通过新陈代谢产生的水分得到满足。但是，北美林鼠和撒哈拉沙鼠都需要食用富含水的食物。食肉动物从它们猎物的体液里获得水分。被猎动物的身体通常三分之二是水分，而且比例始终保持一致，并不像植物到了夏天就变得更干燥。通常从被猎动物身体中获得的水分同捕食动物损失的水分会保持平衡。举例来说，北美食雀鹰从它的猎物那里获得了足够的水分，这就确保它在炽热的白天可以在阴凉处休息。

除了获得水分之外，限制水分流失也很重要。正常情况下，水分通过身体排泄物以尿液和粪便的方式从体内排出。因此，很多沙漠动物的尿液是浓缩的。同非沙漠动物粪粒中普遍含75%的水分相比，它们的粪粒中也含有很少的水分，低至36%。小更格卢鼠的肾脏功能比人类的要强大五倍以上，可以将排泄物的水分压缩到非常低的程度。几种啮齿目动物，比如小更格卢鼠，还以它们的粪粒为食，将丢失的水分和营养进行重新摄取。在回收了大部分水分后，鸟类将它们体内的尿素浓缩为尿酸，排出的是白色糊状粉末而非液体。爬行动物的排泄物也是相似的白色糊状组合物而非液体尿液。

水分可能会通过皮肤流失，比如人类出汗的时候。节肢动物（昆虫和蜘蛛）有一层蜡质外骨骼，就像植物叶片表面的茸毛，增加了体外的潮湿空气层的厚度，从而降低了蒸发量。当青蛙和蟾蜍夏眠的时候，它们的皮肤会变得密不透水，能完全地阻止水分的流失。爬行动物的身体如同有些鸟类和哺乳动物一样不透水。弱夜鹰和仙人掌小鼠的皮肤几乎同爬行动物一样可以阻止水分流失。有些物种会根据环境而改变。如索诺兰沙漠条纹蝎有外壳，同寒冷潮湿的冬天对比，在炎热干燥的夏天里其透水性就会降低。对于哺乳动物、鸟类和一些爬行动物来说，以蒸发性冷却为目的的喘息过程也会损失大量水分。

实际上，很多沙漠动物对体内水分不足都有相当强的耐受能力。它们体内水分的含量会随着环境条件的改变而波动。有些哺乳动物和昆虫可以承受由脱水而造成的多达30%的体重损失。有些沙漠鸟类和爬行动物可以承受30%~50%的体重损失，而有些爬行动物在由失水造成高达50%以上的体重损失情况下，仍能生存下来。动物在饮水后体重恢复。相反，家狗对脱水的承受力低，体重仅仅损失10%~15%就会丧命。因为大多数动物会把水分从血液中抽取出来，血浆容量的降低会造成循环衰竭。

鸟类对脱水的承受力有所不同。尽管丢失的体重并非都源于水分损失，但美洲红头雀在体重损失27%时就会死亡，而珠颈齿鹑在体重损失50%的时候仍会存活。春天里，莫哈韦沙漠的胀身鬣蜥以在冬雨下生长起来的水分充足的多汁绿色植物为食。由于有充足的储水量，蜥蜴变得肥大。晚春时节，它们被迫节食，以干植被为生，然后是仲夏来临，它们就什么都不吃了。尽管在自然界水分充足的情况下它们也从不饮水，所以等到秋天的时候，体重已经损失掉了37%。

某些动物，如同一年生植物一样，在很短的一段适宜时间内就完成了它们的生命周期。这种适应方式并不局限于沙漠。所有的生物体都根据适宜它们的环境条件来安排产卵或繁殖的时间。一个短命的小水塘暂时地支撑了很多小的生命——蚊子、苍蝇的卵和幼虫，还有像仙女虾和水蚤等甲壳纲动物。尽管并不局限于沙漠，孤性繁殖，一种无性繁殖方式，在需要快速反应以利用条件优势的任何环境中，可能都是一种有益处的适应方式。沙漠螨虫、丰年虾、桡足类动物和鞭尾蜥蜴就是这样的例子。有些雌性动物在繁殖的过程中不需要雄性的帮助，但它们只能繁殖出同自己一样的雌性。孤性繁殖也许是使种群数量快速增加的一种方式。

同生活在寒冷气候下的动物通过冬眠的方式来逃避不利环境相似，沙漠中有些动物在水分和食物源缺乏的时候会夏眠。在应对不利环境而进行的夏眠和冬眠过程中，动物处于休眠状态。共同点是新陈代谢率的降低，比如心跳和呼吸减慢使能量利用减少，以便于利用现有储备而得以存活。寒冷气候下的动物为适应逐渐下降的温度而进入冬眠状态。但是，要解释是什么诱发了夏眠就更复杂些了。也许是对高温的直接反应，更可能是对食物和水变得更匮乏的间接反映。很多沙漠区域啮齿目动物夏眠的开始同植被的迅速干枯相一致。在夏眠过程中，所有的身体机能，包括对水分的利用方面——呼吸、排尿和粪便的形成都变得缓慢。并且，由于进入洞穴的出入口通常会被封死，洞穴内的相对湿度很高，接近100%，这就更进一步减少了水分的丢失。由于地松鼠和囊鼠都是夜行动物，所以它们很多都通过夏眠来逃避不利条件。很多两栖动物也夏眠。

需要单独饮水的动物就必须长途跋涉来找水。鸟类和大型哺乳动物，而非小型动物，才有这项能力。在索诺兰沙漠度过夏天的白翅鸽，必须每日饮水两次。跟那些也许只有100码（约90米）活动半径的啮齿目动物不同，鸟类可以飞至数千米远，并且它们会为了躲避最坏的条件而迁徙。每当沙漠中司空见惯的雷暴雨在某处骤降之时，它们便飞向那里以充分利用这样的机遇。大型动物也能跋涉数千米，野狼可以在旱谷上挖掘3英尺（约1米）深来找水。很多不能飞的动物或者昆虫是不需要单独饮水的。

热　量

无论是变温（冷血的）或者是恒温（温血的）动物，都需要控制它们的体温以使之不变得太冷或者太热。对温度的适应机制是：(1) 躲避它，通常通过掘洞或者夜行方式，(2) 适应它，通过承受增高的体温的方式，(3) 通过蒸发的方式来降温。

反照率指一个物体的反射率。浅色物体反射的阳光比吸收的多，如夏天穿黑色衬衫同穿白色衬衫的对比一样。色彩经常被用于保护和伪装，昆虫和爬行动物以模拟它们周围环境的色彩而著名。有些动物可以根据温度和湿度来改变颜色。某些蜥蜴在清晨由于需要吸收太阳光线来暖身而使身体变暗，但吸收过多热量又会有害，所以它们身体的颜色可以在下午变浅。由于很多原因，颜色变化是一个复杂的问题。总之，并不仅仅同反照率有关。

很多生活在干燥炎热气候下的动物都有长附器，如耳朵或者腿。黑尾长耳大野兔的耳朵非常大而薄。接近皮肤表面的血管网增加了血流并使多余的热量得以从身体辐射出去（见图1.6）。北美洲墨西哥狐或者非洲耳廓狐的大耳朵也都帮助散热。

人们也许并不认为一件裘皮外套在沙漠中会有益处。其实，实验已经证明，厚毛皮甚至比薄毛皮更有用。毛皮的外部表面就像在身体与空气之间的一个绝缘体，可以吸收辐射，使动物的皮肤和身体内部更凉爽。这与人们宁愿穿宽松的衣服也不愿穿短裤赤膊上阵的情形一样。因为地表的温度和毛皮的温度可能相同为158℉（约70℃），由于温差很小，几乎没有热量可以从地表传送到动物身上。但是，热毛皮（158℉，约70℃）和冷空气（104℉，约40℃）之间的温差非常大，热量就容易从毛皮上以辐射或者传导的方式传到空气中。因此就可以使动物的皮肤温度保持在100℉（约38℃）。赤裸在95℉（约35℃）中的人体皮肤不仅直接地吸收了太阳辐射而且还从104℉（约40℃）的空气和158℉（约70℃）的地面获得热量。如毛皮一样，衣服产生了一个绝缘的空气层以保证皮肤的相对凉爽。但是，衣服在持续性方面并不像动物毛皮那样有效率，并且由于人类会吸收更多热量，大家就需要有更多的水分以呼吸的方式来进行蒸发式冷却降温。

恒温动物的一个主要特点就是它们可以保持恒定的身体核心温度（见表1.4）。人类的体温是98.6℉（约37℃）。但是，很多生存于沙漠的动物可以承受核心体温的轻微升高并存活下来。美西小型地松鼠的体温在100~109℉（约38~43℃），而黑尾长耳大野兔的核心体温可以达到111℉（约44℃），并且这种变化仅仅是在一天中很短的一段时间内。如果一种动物的核心体温超过一个特定点（因每个物种而不同）的话，身体的冷却机制就会被打破。对人类来说，这个阶段被称为中暑，其特点是皮肤由于出汗和蒸发而出现灼热、潮红、干燥。在没有自然降温的情况下，除非有外部降温手段干预，否则核心体温会迅速升高，导致死亡。哺乳动物和鸟类有数种方式保持体温，最常见的就是利用某一种蒸发的方式。在一个沙漠环境里，蒸发式降温也许会因水分的稀缺而成为空谈。

表1.4 动物名称及其体温

动物名称	正常体温范围
人类	98.6℉（约37℃）
美西小型地松鼠	100~109℉（约38~43℃）
鸟类	104~108℉（约40~42℃）
沙漠鬣蜥	111~115℉（约44~46℃）
蛇	109~111℉（约43~44℃）

蒸发式降温

在炎热的夏日里离开泳池时，你是否曾经因为感到冷而打过哆嗦？这是因为当时留在你身上的水滴正在蒸发。蒸发需要能量，所以从你身上带走了热能。同样的道理也适用于狗喘息的时候。舌头上蒸发的水分带走了动物身上的热量。有些在炎热气候中的房子依靠蒸发式冷却器来进行空气调节。吹过吸水垫的空气由于水分的蒸发而变冷。水分蒸发是一种常见的冷却机制。

大多数哺乳动物的平均体温为100℉（约38℃），在核心温度大幅增加时会有一些小小差异。鸟类（不仅是沙漠鸟类）的平均体温是104~108℉（约40~42℃）。在短时间内体温升高到115℉（约46℃）时很多鸟类仍能存活。通常来说，当鸟类暴露在高温下，它们的体温就会升高。高体温帮助它们通过辐射和传导的方式而非通过蒸发途径散发热量。鸟类活动不局限于地面，所以就算是体温达到104~108℉（约40~42℃），它们也可以将热量散发到相对冷些的上部空气中。裸露的腿部和羽毛稀疏的翅膀下部也可以散发热量。经常可以看到沙漠鸟类在休息时将翅膀从身体两端松散地垂下，这是一种增强空气流通和促进降温的姿势。

因为蜥蜴、蛇和乌龟是在小范围内活动的小动物，所以它们就必须适应当地的条件。尽管在一个宽泛的体温范围内，86~113℉（约30~45℃），它们（取决于物种的不同）都能活动自如。大多数蜥蜴试图将它们的体温维持在一个较窄的范围内。美国西南部的沙漠鬣蜥有较高的体温，为111~115℉（约44~46℃），只稍低于它们的极限致死体温116.5℉（约47℃）。也许是由于在白天活动的原因，生活在最热沙漠的蜥蜴的极限致死体温很高，为118~120℉（约48~49℃）。通常蛇有较低的极限体温109~111℉（约43~44℃），原因也许是由于它们很多是夜行的，不会暴露在白天的最高温度下。对爬行动物来说，应对潜在过热的第一个行为表现就是，逃离到阴凉处或者钻入地下。

尽管很少有沙漠动物会流汗，但很多沙漠生物都有自己独特的蒸发式的冷却方法。沙漠蝉身体上有用来蒸发式冷却的小孔，当太热的时候就会“流汗”。大多数哺乳动物、鸟类和爬行动物都要依靠呼吸来蒸发。有些昆虫则通过它们的皮肤进行呼吸，但气孔透入了身体深部，这样就限制了它们在干燥空气中的暴露程度。这一适应方式同植物凹陷的气孔相似。

犬科动物的主要蒸发冷却方法是喘息。在动物每分钟浅表呼吸300~

400次的时候，水分在它们长而湿润的舌头上蒸发。正常呼吸节律是每分钟10~40次。同出汗一样，当相对湿度低的时候这种方法很有效，但在高湿度的时候效果就差了。如果空气潮湿，蒸发就少，于是就没有冷却效应。同出汗相比较，由于损失的盐分最少，喘息的方式是有利的，而且运动行为还在潮湿的表面上促进了更多的空气流动。犬科动物实际上也出汗。但不是作为普遍性的冷却机制，而是当太过炎热的时候，局部性地对皮肤进行降温。由于爬行动物没有汗腺，蒸发性冷却就只有呼吸一种方式。很多蜥蜴都使用一种喘息方式。它们把嘴张大做喘息姿态但并不快速地呼吸。鸟类也没有汗腺，但它们通过呼吸方式来排出水分。当体温变得很高的时候，呼吸节律增加进而变为一种浅表式的喘息。咽喉处松弛皮肤的颤动，被称为咽喉扑动，这样就增加了口腔的气流从而形成冷却效应。

沙漠龟有多泡沫的唾液，而且它们会将尿液排泄到自己身上来降温。奇瓦瓦沙漠的西部箱龟有大号的膀胱，也许是用来储存蒸发性冷却的液体的。

为了将身体核心温度保持在一个合适的范围内，很多爬行动物、鸟类和哺乳动物会使用血管扩张的方式。皮肤上的血管扩张，使更多的血液流向四肢并通过辐射散发多余热量。

这是骆驼在极端环境下能够得以生存的一个重要机制。鸟类也通过这种方法来增加它们腿部的散热。南非长角羚可以从它们大脑基底部散热以保持头部凉爽。

很多沙漠栖息者都对沙漠的高温没有特殊的适应方式，以至于必须通过它们的行为来躲避干旱和高温这些极端环境。最普遍的反应就是夜行习性，只在晚间活动。夜行方式在沙漠中比在任何其他生态系统中都更普遍。曙暮习性动物是在接近黄昏和黎明时活动，也是为了躲避白天的酷热。

很多种类的哺乳动物、无脊椎动物、两栖动物和爬行动物都为了更凉爽的生存环境而在土壤中掘洞。中午时分，地下6英寸（约15厘米）的温度也许只有36℉（约2℃），比地表更凉爽。在20英寸（约50厘米）的深度，每天的温度很少甚至没有变化。气温保持在日平均温度水平。更深处的环境温度接近年平均温度，不仅日夜温差小，冬夏温差也很小。大多数洞穴在地下8~28英寸（约20~70厘米）深度。为避暑而掘洞的动物或者是夜行性动物没有必要适应高温，但它们必须避免高温环境。梅里亚姆的小更格卢鼠正常的体温是96.8~100.4℉（约36~38℃），并且在天气变得更热的时候不能出汗和喘息。在不能在洞内获得安全保障的紧急情况下，它们可以暂时承受高体温并存活下来，但是如104℉（约40℃）的体温持续数小时的话就会致命。在109℉（约43℃）的气温下，小更格卢鼠会在30分钟内通过蒸发方式损失掉10%的体重最终导致死亡。很多啮齿目动物，包括地松鼠和跳鼠，会在它们的下巴和喉咙上涂抹唾液以帮助降温，但动物是不能在用尽身体水分之前长时间这样做的。

动物（哺乳动物、鸟类或者爬行动物）在白天活动的习性被称为昼行性，但它们会不断寻找阴凉处来避免长期暴露在阳光下。因为较小的体型和体表体重比例，大部分鸟类和啮齿目动物都有着同样的热量调节问题。它们必须避免暴露于阳光和酷热之下，它们需要调节自身，以最小限度地吸收阳光，比如地松鼠把尾巴在背部拱起来为自己遮阴。大型动物如果没有选择穴居，就必须选择遮阴。

无脊椎动物、两栖动物和爬行动物都是变温动物，它们利用外部环境条件来调节热量，并且必须依靠微气候来保持安全的体温。因为它们的体内温度会升高到一个致命的水平，故无法承受沙漠的酷热而必须找寻遮阴处或者更凉爽的地方。爬行动物的体温调节主要依靠与地面之间的相互传导和太阳的辐射，同周围空气之间的相互热量传导则非常少。

取决于地表的温度，爬行动物或者获得或者损失热量。因为它们是小型动物，它们的体温上升很快，就通过行为适应的方式来节制热量的摄取。在寒冷的早上，蜥蜴也许会在一块温暖的岩石上平趴着以充分暴露在阳光下，从岩石表面以及接受太阳辐射来吸收热量。通过从太阳底下挪到阴凉处，或者改变身体朝向太阳的方位，蜥蜴可以部分地控制对太阳辐射的吸收。在炎热的下午，蜥蜴可能用后腿爬行，这样就可以保证最小限度地接触酷热的地表，尽量少地吸收热量。蜥蜴可能停下来然后用它的腹部和前腿在沙土中挖掘出一个浅浅的凹坑，以便使身体可以接触到下部更凉爽的土层。有些蜥蜴也许会完全把自己埋进更凉爽的土中。中美蚺属蜥蜴对沙子有一种特殊的适应方式。由于它们的鼻道形状特别，沙子无法进入其中。

地面温度会比6英尺（约2米）深的地下高得多。对任何一个曾经赤脚走过沙滩的人来说，这都是显而易见的。因此，取决于气温高低，很多动物试图或者最小限度或者最大限度地同地面接触。蜥蜴有时将它们的脚交替抬起来降温。昆虫把腿站得直直的，以使它们的身体远离地表。响尾蛇运动的方式是将它们的身体拉离地面沙土。与此相反，美西小地松鼠会在阴凉下平趴身体，摊开腿，以使身体的热量散失到相对凉爽的地面上去。

盐　分

很少有动物会适应过量盐分的摄入，但少见的例外是存在的。由于缺少水分去稀释，盐分在沙漠的环境里经常是浓缩的。尽管大多数动物会避免含盐土壤和食物，有些哺乳动物、鸟类和爬行动物仍可以饮用含盐的甚至是比海水更咸的水分。至少两种啮齿目动物完全以滨藜多汁的叶子为食而不吃其他食物，它们用进化改良的牙齿和嘴边刚毛将植物外层盐皮剥离。大多数沙漠蜥蜴通过鼻内的腺体排除盐分。当盐结晶渗出

理想的沙漠栖息者

在北美沙漠随处可见的小更格卢鼠（更格卢鼠属，未定种名）有一套适应机制可以使之完美地适应沙漠环境。大多数沙漠都有一种啮齿目动物有相似的适应方式。夜晚活动，白天躲在它们凉爽的洞穴里。当夏日里的气温达到113℉（约45℃），地表土壤的温度是167℉（约75℃）时，3英尺（约1米）的地下土壤温度只有86℉（约30℃）。在撒哈拉沙漠和其他暖沙漠都能发现类似的温度条件。小更格卢鼠从不需要单独饮水，就算在绿草如茵的环境下也依靠高能量的干果为食。土壤中埋藏着成千上万的小种子，小鼠可以闻到埋在深达8英寸（约20厘米）地表之下的微小种子的气味。它们会用小前爪将种子上的泥土簸掉，再把种子运回洞中储藏，之前它们会将种子先存放在口中的颊袋里。白天，小鼠封住它们的洞口，与外部沙漠干燥空气之间建立起一道屏障。小鼠的呼吸增加了洞穴中的湿度，在这样一个小的微气候环境中，储存的种子吸收水分。干燥空气中的种子含有10%的水分，但在相对湿度更高的洞中，含水量成倍增加到20%。当小鼠最后吃掉种子，呼吸中损失的水分就又被重新回收了。

的时候，蜥蜴经常通过打喷嚏将其排出。中北美走鹃也有鼻部的盐腺体用来将体内多余的盐分排出去。

有毒物种

有些沙漠物种会使用毒物、毒素或者仅仅是难闻的气味来征服猎物或者驱赶捕食者。伪金针虫属昆虫是能分泌一种物质驱散敌人的甲虫。丝绒蚁，实际上是一种黄蜂，有毒刺。巨鞭蝎，被称为鞭尾蝎，其实根本就不是蝎子。它们没有毒刺，而是靠分泌一种叫驱避剂的物质来求生。大号或者小号的蝎子会射出不同数量的毒液。而狼蛛却顶着莫须有的恶名，它们的毛发多刺，摸起来会让人不舒服，只有在受到严重挑衅的时候才会叮咬，释放的毒素只有轻微的毒性。沙漠蛛蜂是一种黄蜂，捕食中只会使狼蛛瘫痪而不杀死它们。它们在巢中将卵和无法行动的狼蛛产在一起，这样就确保了在卵孵化后，幼虫有新鲜的食物取用。像银环蛇、响尾蛇和眼镜蛇这样的一些蛇类，在攻击的时候会通过它们的毒牙来注射毒液。

尽管不像鸟类、爬行动物或者哺乳动物这样显眼，以生物量来说，蚂蚁和白蚁却是数量最大的。尤其是在温暖的奇瓦瓦沙漠和索诺兰沙漠，白蚁的数量尤为庞大。收获蚁会储存成千上万的种子，而蜜罐蚁却有一种为干旱时节储存食物的独特方法。某些动物被称为饱食性动物，会将液体食物储存于膨胀的腹部。在食物匮乏的时候，它们几乎会将身体在巢中倒挂起来，以便其他同类从它们的口中取食。

有毒还是没有毒？

除了银环蛇外，所有美国的毒蛇都像响尾蛇一样是颊窝类毒蛇。颊窝毒蛇在鼻孔和眼睛之间有一个深深的凹陷或者缺口。而无毒蛇则没有。颊窝毒蛇的瞳孔是条窄缝，与其他蛇类的圆瞳孔不同。颊窝毒蛇的头部是三角形状，同它们的身体形状有区别。而无毒蛇的头部是圆的，是身体形状的一种延续。有些无毒蛇，其实有时会模仿颊窝毒蛇，做出一个防卫性动作，暂时性地将头部变扁和变宽。亚利桑那银环蛇会因为它们那色彩鲜艳的红色、白色和黑色条纹而被人们识别出来，有些无毒蛇也有相似的颜色，但是条纹的颜色顺序有所不同。

沙漠中沿着永久性河流而生的那些植物，并不是真正的沙漠适应性植物，同样，在沙漠边界内生存的有些动物，也并非真正意义上的沙漠动物。生活在尼罗河的河马很难被形容为沙漠栖息者。要被定义为沙漠动物，它们必须有一些方法来妥善应对沙漠环境的干旱、炎热和高盐分。

植物王国和优势植物家族

沙漠在世界上六大植物王国中的五个里都可觅其踪——分别是泛北极区、新热带区、古热带区、海角区和澳大利亚区。南极区是个例外。跨越植物王国边界的沙漠拥有着混合起源的植物群落。藜属植物是沙漠植物群中最常见的家族。它们在中纬度的亚洲沙漠中占主导地位，在撒哈拉、澳大利亚、北美和南美洲的沙漠中也是非常重要的植物。但是在塔尔沙漠和非洲西南部却难觅它们踪影。芥菜、石竹和蓼科植物家族在泛北极区广泛分布。芥菜在撒哈拉最多，而石竹在中亚普遍。蓼科在亚洲和北美洲沙漠中都有不同属的代表。番杏科植物和百合在南部非洲是重要的植物家族。澳大利亚的与世隔绝特性在植物群上得以体现，木麻黄属植物、桃金娘科植物和山龙眼属植物发源于此。索诺兰、奇瓦瓦、塔尔、南美洲和南部非洲的沙漠拥有很多热带区域的共性联系，就是说，热带植物适应了干旱的环境。如南部非洲的乳草属植物，塔尔沙漠的牵牛花和笋瓜，还有遍布所有地区的锦葵属植物。元参科也同样是南部非洲和塔尔沙漠的重要植物。而仙人掌只是南北美洲的特产。凤梨属植物和酢浆草属植物在南美洲的沙漠也很普遍。

第二章
暖沙漠

暖沙漠位于热带或者亚热带地区，通常位于南北纬10°～35°，它们都集中位于副热带高压气团和冷洋流占主导地位的大陆西侧。潜在的低湿度和高蒸发量特征，使这些地区很少见到露水和雾气。

气候环境

气　温

暖沙漠具有大陆性气温环境，夏季炎热，冬季寒冷（见图2.1）。夏季日平均气温高于100℉（约38℃），而极端高温可能会达到120～130℉（约49～54℃）。晚间，气温降至70℉（约21℃）。平均温度掩盖了日夜温差。举例来说，北美索诺兰沙漠亚利桑那州尤马镇7月份平均气温是90℉（约32℃）。冬季气温低些但仍然温暖，白天为60～70℉（约16～21℃），夜间为40～50℉（约4～10℃）。通常认为晚间气温大多会降至冰点以下的观念是错的。这种现象会发生，但并不正常。白天气温高达130℉（约54℃），温度骤降至60℉（约15℃）后，也许会使70℉（约21℃）的气温看起来好像很寒冷。但其实，海拔高些的地方，夜晚的气温通常会降至冰点以下。这些日间数据代表了空气的温度。暴露在阳光下的一

热 带

当很多人听说热带这个词汇的时候，他们会想到温暖的沙滩和棕榈树。而实际上这一术语是指北纬23.5°和南纬23.5°的纬度以及二者之间的纬度，而并不是指一种特定的气候。热带地区包含几种气候，比如沙漠、草原和雨林，甚至可以在热带区域内的高山地区发现高山气候环境。热带是地球上唯一在一年中的某些时候太阳可以直射的区域（即与地表呈90°），这是导致其高温的一个因素。副热带这一术语是指热带之外各向南北延伸几度的地区。

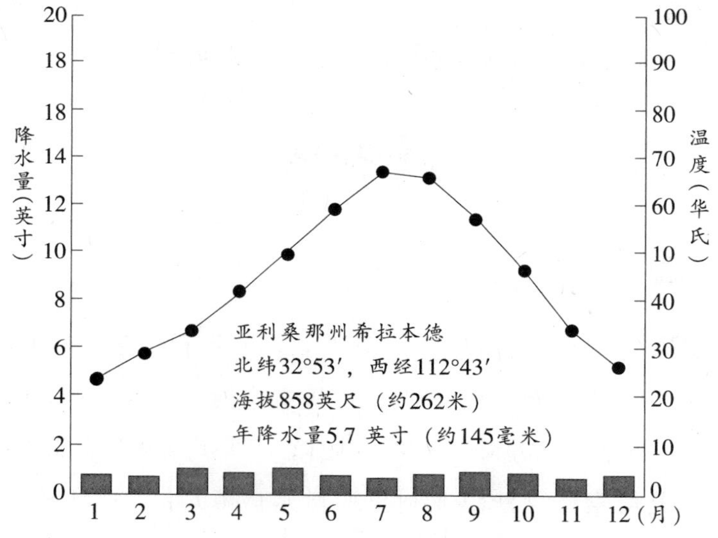

图2.1　亚利桑那州的希拉本德有着许多典型的暖沙漠气候条件。气温因季节而不同，冬季温和而夏季炎热，降水少　（杰夫·迪克逊提供）

个人、一种植物或者动物，由于直接吸收了太阳辐射，会感觉热得多。

很多因素造成这些沙漠气候炎热。因为低纬度的缘故，太阳或者直射或者接近直射。当太阳在天空中的位置较高时，它的能量就会集中在较小的区域，相比较而言，太阳在天空中的位置较低，能量就会扩散到较大的区域里。低湿度并且少云层覆盖的晴朗天空，使太阳光线穿透大气层而更容易被地表吸收，然后能量重新向上辐射至空气中使之升温。蒸发是一种冷却过程，因为水分在转化成气体（水蒸气）的过程中需要消耗能量。因为沙漠可蒸发的水分少，冷却过程很少产生，导致空气温度仍然很高。暖沙漠位于内陆，远离任何海洋的冷却效应。沿海岸的带状沙漠有不同的气候条件（见第四章）。

极端气温

世界上的最高气温136℉（约58℃），是在撒哈拉沙漠中利比亚的埃尔阿齐济耶被记录到的。北美洲最高气温纪录产生在加利福尼亚的死亡谷，达到134℉（约57℃）。这些数据是指在阴凉处的空气测量温度。

在北半球，暖沙漠的北部边界受到偶尔入侵的极地气团的影响，通常在短期内会带来异常寒冷的低温。由于面对北部大面积的大陆区域，北美洲沙漠和西南亚洲的沙漠尤其容易受到波及，而撒哈拉沙漠和南半球的沙漠就避开了这些低温，冷空气在穿越地中海时得以缓和。由于缺少大面积的陆地（除了南极洲，因为其太遥远以致无法影响到处在这些纬度上的沙漠），相似的冷气团在南半球是不会存在的。

然而，平均气温给出了一个不完整的条件描述。世界各地的官方温度是在5英尺（约1.5米）以上的地面阴凉处测量到的。温度计必须在阴影下，所以测量到的只是空气的温度，而不是从太阳接收到的辐射能量。空气的加热不是直接来自于太阳的光线，而是来自于地面的辐射能量。太阳辐射是一种短波形式，穿越大气层并被地面吸收。然后地面以长波的形式将能量辐射出去，也被称为红外线。（夜视镜拦截红外辐射，使戴镜者在没有光线的情况下可以“看到”一个物体或人。）长波能量不能轻易地穿越大气层，而是被吸收，使空气升温。因此，温度在地面高度上是最高的，随高度而降低（见图2.2）。当温度计在5英尺

蜃景

你曾经透过一杯水看东西吗？由于空气和水有着不同的密度，即它们的分子排列的紧密度不同，使你所看到的景物失真。当空气穿过具有不同密度的物质的时候，光线被折射，或者弯曲，造成景物失真。在白天，贴近地表的空气变得比其上部的空气热很多。因为热量使空气膨胀，地表空气的密度更低而其上部的冷空气密度更高。当太阳光线穿过不同密度的空气层的时候，光线被折射。最常见的蜃景就是由于炎热路面上出现天空的反射，造成你车前的路面似乎是湿的。

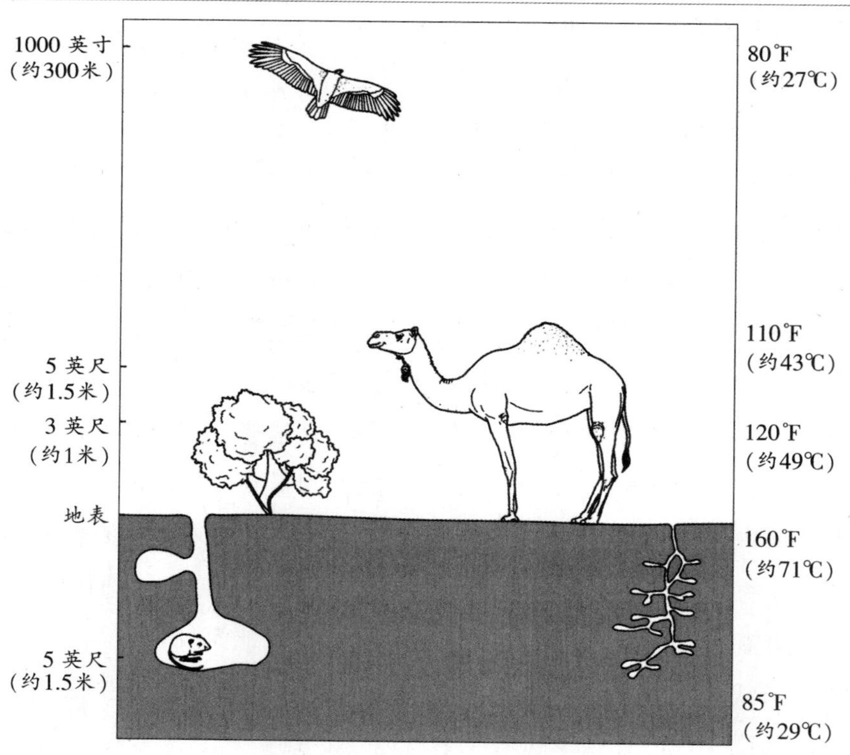

图2.2　由于地面的不同高度或者土壤中的不同深度，温度有所不同，这就为动物提供了微环境。地表温度最高，而在高出地面或者深入地下的部分，气候条件会变得温和（杰夫·迪克逊提供）

（约1.5米）高度的读数是110℉（约43℃）的时候，地面高度的温度可能就是160℉（约71℃）。

一个从地表之下到地面几米高度上的剖面图展示了温度的差异性。最极端的温差出现在地表6英尺（约2米）范围内。在仅高于地表3英尺（约1米）的灌木丛中，空气温度会是120℉（约49℃），比地表温度低40℉（约22℃）。在1000英尺（约300米）高度飞翔的鸟类感受到的气温，仅仅是80℉（约27℃）。因为干旱的沙漠土壤导热不佳，使地表吸收的能量不能深入地下。在5英尺（约1.5米）的深度，许多动物在洞穴中静静地等待白天的结束，那里的温度仅仅只有85℉（约29℃），比地表的温度低75℉（约42℃）。这些局部温度的差异创造了重要的微环境。

降　水

暖沙漠的年降水量通常为10英寸（约250毫米）或者更少，并且都是以雨的形式出现。降雪是很罕见的，通常仅仅在更高海拔地区才可见到。有些沙漠（奇瓦瓦、蒙特和塔尔）主要是夏季降水，而其他沙漠（莫哈韦和伊朗）主要是冬季降水。索诺兰沙漠有双向季节性降水分布，无论夏季和冬季都有降水。其他沙漠（撒哈拉和阿拉伯）对雨水的预期是没有明显的季节性的。大洋洲沙漠的降水随所处大陆内的位置不同而有所变化。

由于对地面和地面上的空气的加温不均匀，造成了空气上升区域的高温。被称为对流或热空气的上升气流，可延伸至2万~3万英尺（约6000~9000米）的高空，尽管很高，但由于空气太过干燥而不能形成云，以致很少有降水产生。然而很多沙漠鸟类却利用了热空气的优势，因为上升气流可以使它们不费吹灰之力便被抬升至高空。仅仅在潮湿气团侵入沙漠时，高温和对流才会引起雷雨。每个夏天，对流风暴都会给索诺兰这样的沙漠带来雨水，但这样的事情却终年不会发生在撒哈拉沙漠的腹

湿 度

相对湿度，以一个百分数来表示，是空气中含有多少水蒸气和空气中能容纳多少水蒸气相比较的一个度量数据。（以玻璃杯部分填充的水分和玻璃杯的大小相比较。）暖空气比冷空气能蒸发出和容纳下更多的水蒸气。随着温度的改变，相对湿度也有所变化。（一个大玻璃杯比小玻璃杯的容量更大，随着玻璃杯尺寸的改变，玻璃杯盛水的饱和性也有所改变。）假设空气中的水蒸气不变，随着温度的降低，相对湿度升高。如果相对湿度达到饱和，多余的水蒸气便从空气中“溢出”。（如果你将水持续地倒入更小的玻璃杯，小玻璃杯会变得越来越饱满，直至水从边缘溢出。）换句话说，产生冷凝现象，液态水变成云、雾或者露水。反过来，随着温度升高，相对湿度降低，没有冷凝现象产生。（将同样数量的水倒入更大些的玻璃杯，玻璃杯盛水的饱和性就会降低。）低的相对湿度也意味着炎热、干燥的空气会将任何可用的水分都蒸发掉，这也进一步促成了沙漠气候条件。

地。冬季雨水通常比较柔和、浸润，因为它们是由气旋风暴形成的，不会发生暴雨倾盆而下的情况。大多数沙漠的降水——在季节性上、地点上和数量上都是不可预知的和不可靠的——因此，植物和动物就不得不对长时间的干旱季节有所准备。

暖沙漠的相对湿度可以低至2%，但考虑到季节性因素，通常为20%~50%。因为夏季的相对湿度很低，所以晚间气温的降低很少能形成露水。冬季，在空气已经转凉的时候，夜间温度可能更容易降到露点（开始冷凝时的温度）而产生结露。在任何季节露水都是水分的重要来源。

几个相互关联的因素导致了这些地区的干旱。因为高压，空气朝着地球表面下沉，随下落而压缩，又因为绝热的过程而变暖。上升的温度降低了相对湿度，从而促进了地表水或者植物和动物的水分蒸发。北半球围绕高压气团的空气循环是顺时针方向的，而南半球是逆时针方向的。在这两种情况下，从高纬度吹来的优势风稍微比从温暖的低纬度吹来的风冷些。冷空气比暖空气更稳定，这就意味着它会下沉而不是上升，因为这样的缘故而产生等焓升温。在这一纬度上，沿大陆西缘的洋流将寒冷的海水从高纬度地区带向赤道。来自亚热带高压系统的陆上风，本来就又冷又稳定，吹向冷洋流，使其进一步冷却。空气变得更加稳定，下沉式和连贯性的变暖得到加强。大多数暖沙漠处于低纬度。海拔每超出海平面1000英尺（约300米）温度大约降低3.5℉（每100米约降低0.6℃）。额外的绝热升温的原因导致了处于山脉背风坡处或者山脉之间的盆地地区的干燥。随着空气越过高山后下降，这些地区更温暖更干燥。

一般适应性

尽管世界各地植物的种属可能有所不同，但很多暖沙漠的植物都有相似的生长形态和适应性。随着降水多少的变化，从稀疏到相对茂盛的灌木林地中的植被也会有所变化。主要生长形态是沿着水道或者在岩质土壤里生长的灌木或者矮小树木。例如茎多汁植物等一些适应性植物主要是在美洲的暖沙漠里多见，在全世界范围内的许多不同沙漠植物，都有小叶子、深根系统等类似的适应形态。刺槐和豆科灌木在几乎所有的暖沙漠里都有其多种代表植物，但其他属植物也有与其相似的生长形态特性。生长在排水不畅或者高蒸发量地区的植物必须具备耐盐性。取决于地理位置，所有暖沙漠中盐碱滩和干盐湖的碱性土壤都会支持一个由多个种属组成的盐生植物群落。一场丰沛的降水过后，一年生草本植物会覆盖原本光秃秃的地面。

由于资源稀缺，大多数热沙漠动物趋向于长得小而不是长得大。大型动物和鸟类可以在长途旅行中寻找食物和水，而小动物必须应对有限的当地环境。如北美洲的小更格卢鼠和亚欧大陆的跳鼠之类的小动物并不需要饮用自由水分，而是依靠它们的新陈代谢所产生的水分就可以存活下来。由于与其体重相比有着更大的体表面积，小动物们必须更加注意保持身体水分。不同于大型动物的是，它们无法在身体大量丢失水分的情况下生存下来。很多小动物在凉爽的洞穴中消磨掉酷热的白天，仅仅在夜间出现。很多蜥蜴适应了在沙丘里挖洞的生活习性。墨西哥狐、耳廓狐、长耳大野兔和巴塔哥尼亚野兔的长耳朵有助于散发多余的热量。

暖沙漠的分布

北美洲的暖沙漠

北美洲的三个暖沙漠位于大陆的西南部，大致位于北纬35°以南、西经100°以西的得克萨斯州西南部、新墨西哥州和亚利桑那州南部、加利福尼亚东南部以及相邻的墨西哥，包括下加利福尼亚半岛的部分地区(见图2.3)。依据大陆稳定性以及陆块位置和气候系统等各方面的证据证实，北美沙漠自新生代以来便已存在，并且显现出气候和生物方面的相似性和差异性。索诺兰、莫哈韦和奇瓦瓦沙漠因为降雨模式和植被的原因而有所区别。

三个北美暖沙漠每一个都有其独特的植被。索诺兰沙漠植被特点是亚乔木，包括高大柱状品种的多种仙人掌类植物、很多种不同的多年生灌木，以及冬季或夏季一年生植物。亚乔木这个术语被用于将茂

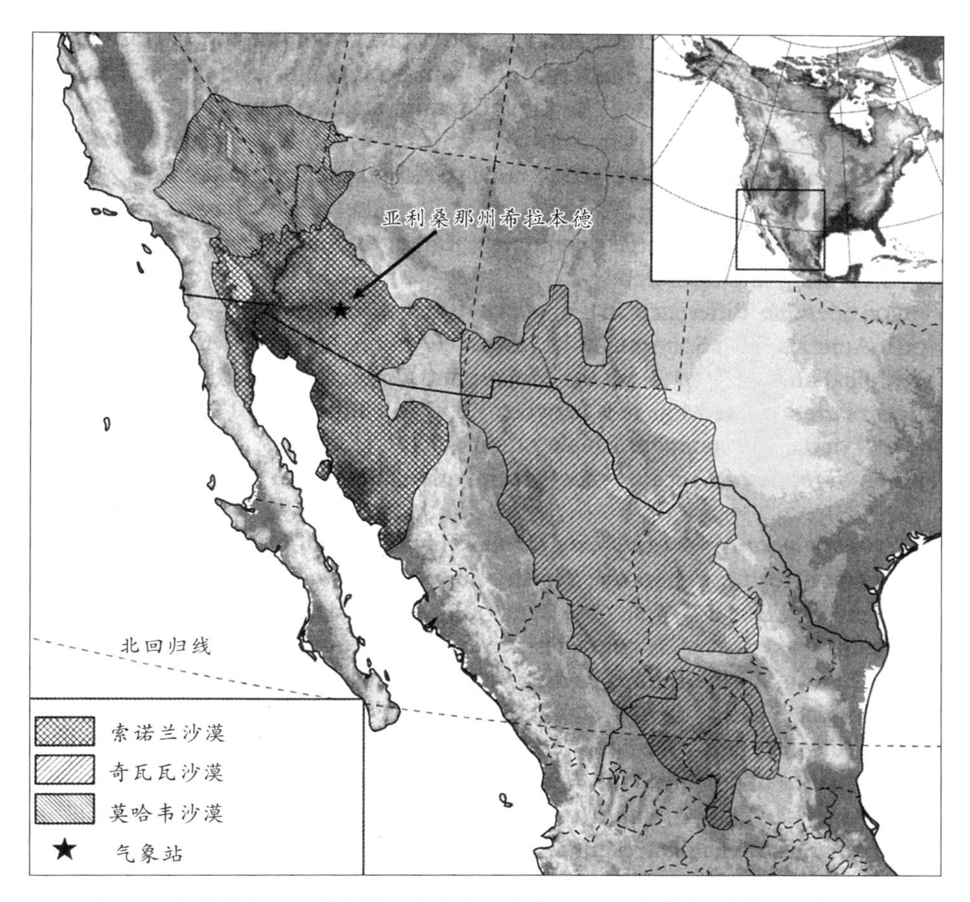

图2.3 北美洲的三个暖沙漠都集中于大陆的西部 （伯纳德·库恩尼克提供）

盛的低矮树木与橡树或云杉等大型树木区分开来。莫哈韦沙漠广布更低矮的多年生灌木、中等高度的丝兰，以及冬季一年生植物。在品种和数量上仙人掌植物都更少些。奇瓦瓦沙漠的植被因纬度不同而不同，但总体来说，以像丝兰和龙舌兰属的大叶片多汁类植物为主，小型和大型仙人掌类植物数量庞大而且有些区域生长着高大柱状品种，草类植物茂盛，一年生植物为夏季品种。三个沙漠的很多多汁类植物都很高大，尤其是索诺兰沙漠和奇瓦瓦沙漠。由于降水的零星分布性和不确定性，植物需要存储大量的水分，以使它们度过持续的干旱时期。

植被的不同主要缘于降水的季节性。加利福尼亚州东南部的莫哈韦沙漠受冬季来自太平洋的气旋风暴的影响。位于新墨西哥州南部，从得克萨斯最西端一直向南延伸至墨西哥的圣路易玻托西的奇瓦瓦沙漠，受来自墨西哥湾的夏季雷暴的降水的影响。在两个极端之间，位于亚利桑那南部和邻近的墨西哥下加利福尼亚半岛及索诺拉的索诺兰沙漠有着双季节性的降水模式：雨水既来源于冬季气旋系统，又来源于夏季雷暴。降水的季节也决定了这些降水对植物有多大用处。冬季通常是气旋降水，分布广泛，也许会持续一整天或更长时间，所以就有较平缓的雨水渗入土壤。相反，夏季降水来源于对流。剧烈又具有区域性的雷暴可能只持续低于一个小时的时间，却暴雨倾盆。雨水没有被土壤吸收，却变成了径流和山洪。

相当大的温度差异存在于北美洲的三个暖沙漠中。海拔最低的索诺兰沙漠，低于1850英尺（约560米），处于亚热带地区，最温暖。莫哈韦沙漠和奇瓦瓦沙漠都更高些，也更冷些。四分之三的莫哈韦沙漠地区处于海拔1850英尺（约560米）和3650英尺（约1100米）之间，而奇瓦瓦沙漠的一半都高于4000英尺（约1200米）。由于大部分降水都是以雨而不是雪的方式形成，因此这三个沙漠都被划分为暖沙漠。

北美暖沙漠的常见植物　许多植物和植物群落都广泛分布在超过一个以上的北美洲暖沙漠中。石炭酸灌木，一种3～4英尺（约1～1.2米）高的低分枝灌木，拥有广泛蔓延的侧根和小而呈蜡质的叶片，是所有三个沙漠的低地地区的特色植物（见图2.4）。其分布的北部界限被认为是暖沙漠和冷沙漠的分界线。它们以固定间隔15～30英尺（约4.5～9米）的距离分布，其间隙是裸露的地面，通常同豚草属植物相关。石炭酸灌木起源于南美洲，进化为五个不同种属。其中只有一种在北美洲沙漠被发现，但根据其被发现的染色体对的数目可以确定有三种基因类型，每一类型都同一个暖沙漠相一致。三种石炭酸灌木有着不同的外貌，莫哈

图2.4 呈现在奇瓦瓦沙漠得克萨斯大本得国家公园的石炭酸灌木，是北美暖沙漠中的最常见植物 （作者提供）

韦沙漠的最浓密，而奇瓦瓦沙漠的最稀疏。（石炭酸灌木并不是苯酚这种物质的来源，而是由于雨后散发出柏油样的味道而得名。而苯酚物质来源于木焦油。）

在北美洲三个暖沙漠中，索诺兰和奇瓦瓦沙漠享有最多的共同植物种属。而在有着更严苛的冬季降水条件，也更冷些的莫哈韦沙漠，仅仅发现了很少的三个沙漠中的共同植物种属。特别是墨西哥刺木、盐生灌木、巴塔哥尼亚车前草属植物、引进的盐生雪松、单刺仙人掌、乔利亚仙人掌以及大仙人掌。豆科灌木是奇瓦瓦沙漠的一种标志植物，而在索诺兰沙漠却不常见，在莫哈韦沙漠更是难觅踪影。假紫荆属植物在索诺兰和奇瓦瓦沙漠都是重要植物，却没有生长在莫哈韦沙漠中。

在利于生长的年份，一年生植物在仅仅几个星期的时间内就为大地编织了鲜花地毯。它们通常在种群数量上比多年生植物更庞大，但它们的出现是断断续续的。在莫哈韦沙漠的落基山谷，同拥有41种一年生植物相比，只有10种常见的多年生植物。靠近图森附近的索诺兰沙漠更具对比性，48种一年生植物，8种多年生植物。某些一年生植物的种属在三个沙漠都很常见。

沿着大河流而生的滨水植物通常都会长成茂密的植被，在美国本地分别被称为柳树、豆科灌木、盐生雪松和棉白杨树。

北美暖沙漠常见动物　北美沙漠的发展时期，在三个沙漠中都可以见到很多哺乳动物、鸟类和爬行动物。有些动物在一个或者两个沙漠中有其分布的中心地带，而其他动物的个别物种和亚物种在分布上则有更特定的地区。

包括小更格卢鼠、食蝗鼠、北美地松鼠、白尾灰鼠、长耳大野兔、北美臭鼬和加州叶鼻蝠在内的小型哺乳动物，在北美暖沙漠都很常见。少见的有衣囊鼠和沙漠鼩鼱。三个沙漠中的动物属别可能相同而种类却经常有所不同。郊狼，其次是北美黑尾鹿，都是拥有广泛分布范围和栖息地的最常见大型哺乳动物。尽管很不起眼，但獾其实在这三个暖沙漠都可见踪影。美洲狮和山猫是本地土生土长的动物，却很少见。白尾鹿和西瑞野猪仅局限于索诺兰和奇瓦瓦沙漠。环尾猫和美洲浣熊（仅仅在索诺兰和奇瓦瓦沙漠）存在但很少见。

有两个品种的北美大耳兔生活在美国西南部，为黑尾品种和羚角品种。这两种大耳兔主要区别在于，大耳兔靠掘洞来躲避高温，而野兔并不会这样做。北美大耳兔白天在灌木丛背阴处的浅洼地休憩。除了夏季的清晨和傍晚以外，北面（在北半球）是从来不会受到阳光直射的。在阳光下，背阴浅洼地的地表温度比周围的空气和其他地表的温度都更低些。热量从土壤表面和大耳兔的大耳朵上向上辐射到天空中而不是向下辐射到洼地中。动物利用了这个小小的微环境优势来安静耐心地等待午日炎热的消散。对小型沙漠动物来说，通往水源地的路途通常太过遥远，

侵入性树种

盐生雪松，也被称为柽柳，是一种源于地中海地区和南部亚洲的落叶灌木或者乔木。最早于18世纪初被人们引入美国西部地区，用作遮阴、防风和防治冲蚀之用。其带有花边的梗叶和诱人的粉红色花朵使其成为理想装饰用物。在19世纪70年代，这种植物开始扩散，到1935年，它已经扩散至西部各州，本地的柳科植物、棉白杨和豆科灌木被其替代。盐生雪松对不利条件——炎热、寒冷、干旱、洪水、盐碱化、野火——能够迅速生长，一个生长季节可以长13英尺（约4米）。它大量地开花和撒种，且可以无性繁殖，这是一种绝对性的优势。因为大火而元气大伤时它还可以从土壤里萌发出若干嫩芽。因这种树的落脚生长，竟可以将泉水与河道的水分蒸发殆尽。它很好地适应了盐碱化的土壤，对盐分的适应阈值可以达到36000ppm，而本地的柳科植物和棉白杨仅仅可以达到1500ppm。盐生雪松通过它的叶片释放盐晶体，然后盐分便在植物根系周围聚集，从而增加了土壤的盐碱性而阻碍了本地种属植物的生长。因为它的大密度生长特性和阻碍排水通道的倾向，使它同时还会增加野火和洪水的发生危险。根除它们是一种挑战。反复多次的火烧和连同除草剂共同使用的掘除其根系的方式可以起到作用，但这些工作耗时而且成本昂贵。

而且大耳兔食物的80%来源于绿色植物、多汁类植物，这些植物在雨后尤其多见。在一年中的干旱时节，它们也吃豆科灌木和仙人掌类植物。

白尾羚角类松鼠，只在上午和傍晚活动，这是啮齿类动物很好地适应了沙漠环境的一个例证。它们只有6英寸（约15厘米）长和4盎司（约110克）重，它们也许可以超过一个月不需要饮水，而且可以利用含盐

图2.5 在北美暖沙漠中常见的鸟类：(a) 仙人掌鹪鹩；(b) 走鹃 （版权所有：保罗S.沃尔夫）

量高于海水的水分。它们仅仅需要自己身体体重2%的自由水分，甚至只食用干燥食物。如同所有的啮齿类动物一样，它们不出汗而且无法从蒸发作用所产生的冷却效应中受益。因为它们无法在长时间的体温上升状况下生存下来，所以它们仅仅在白天的炎热环境下活动很少的一段时间，并且要寻求背阴处或者洞穴来得以喘息。它们的肾脏会产生浓缩的尿液。尽管它们的身影在北美的三个暖沙漠中都会出现，但仅仅局限于生存在更凉爽的区域里（莫哈韦沙漠、下加州沙漠和奇瓦瓦沙漠），在索诺兰沙漠中最炎热的地区是找不到它们的。

走鹃在三个区域里都被视为沙漠的象征（见图2.5b）。尽管它们也可以飞行很短的一段距离，但这种鸟的四个叉开的脚趾使其更适应在地面活动。15英里（约24千米）的时速使它们可以足够快到以捕捉蜥蜴为食。走鹃也以响尾蛇为食，它们用长喙戳刺毒蛇并且能及时避开蛇的毒牙。甘氏鸳鸯通常在地面上活动，只有在被惊吓的时候才飞起躲避。几种不太显眼的鸟类在这三个沙漠中都很常见，特别是穴鸮鸟、美洲嘲鸫、北美斑鸠以及类似于棕色主教雀的黑丝鹟。几种鸟类在北美分布广泛，比如红尾鹰和红头美洲鹫在三个沙漠中都可以见到。

很多爬行动物在这三个沙漠中都很常见，特别是莫哈韦响尾蛇和西部钻纹响尾蛇，以及沙漠孔雀石鬣蜥。很多种爬行动物在索诺兰沙

锄足蟾

在索诺兰沙漠和奇瓦瓦沙漠中被发现的科氏锄足蟾是一种需要水分才能存活的两栖类动物。当它们生存的水坑干涸的时候，成年蟾会把它们的后脚当作铲子向仍然湿润的地下掘进3英尺（约1米）深。当它们夏眠的时候，它们的皮肤会在很大程度上变得密不透水来阻止水分流失，但这种蟾最长可以在等待雨水来临的两年中损失掉体重的50%。当足够的雨水为它们的繁殖产生了一片水域时，锄足蟾便会回到地表，在较短的两到六周的时间里完成它们的生命周期。在莫哈韦沙漠没有这种相似的蟾类。

漠和莫哈韦沙漠都可以见到，但在奇瓦瓦沙漠中却没有被发现，尤其是胀身鬣蜥、钝尾毒蜥和沙漠鬣蜥。在莫哈韦沙漠和索诺兰沙漠中的条纹壁虎和沙漠龟，其实等同于奇瓦瓦沙漠中的得克萨斯条纹壁虎和墨西哥陆龟。几种角蟾蜥在沙漠中都留下踪迹，但每一种都会局限于生存在一个或者两个沙漠中。

某些鸟类和啮齿类动物在仙人掌的棘刺庇护下不易被察觉。北美斑鸠、紫喉蜂鸟以及仙人掌鹪鹩会在乔利亚仙人掌上做窝，棘刺为它们提供了保护（见图2.5）。白喉林鼠，通常被称为林鼠（收藏鼠），非常好地适应了同乔利亚仙人掌的共存生活。它们可以安全地在植物上爬上爬下，还可以将小段的植物运走并用它们包绕巢穴，以此来躲避捕食者。背阴处代代相传下来的林鼠巢穴甚至可以达到7英尺（约2米）宽。同没有遮挡的沙漠地表167℉（约75℃）的高温相比，巢穴的入口处的温度有115℉（约46℃），而巢穴内浅洼处的温度只有88℉（约31℃）。它们没有必要饮水，所有必需的水分都来自绿色植被，比如豆科灌木的荚果、草类,以及乔利亚仙人掌。尽管仙人掌含有有毒的草酸物质，但其仍然

沙漠鱼

独特的物种——小沙漠鳉鱼（鳉属鱼类）只有1~2.5英寸（约2.5~6厘米）长，生活在索诺兰沙漠和莫哈韦沙漠中孤立的小水塘、小溪或者沼泽里。在西南沙漠地区更加湿润的更新世时期（冰河期），这些鳉鱼在完整的综合水域系统里有一个连续的分布状况。由于气候的变化，河流和溪水干涸了，将鳉鱼的种群进化分离孤立开来。在死亡谷国家公园的一部分——内华达州阿什梅德的魔鬼洞地区发现了它们的一个种群。另一个种群生活在亚利桑那州南部风琴管仙人掌国家遗址的奎托巴奎托泉地区。由于水分的蒸发和盐分的积累，它们生活的水塘里的盐分通常都高于海水。

是林鼠几乎一半（在一年中的干旱时节更是超过了90%）的食物来源。林鼠没有受到毒素的影响，却从仙人掌的茎块中得到了宝贵的水分。如同许多沙漠动物一样，林鼠通过在黎明、黄昏和夜晚活动来躲避高温。很多种类的林鼠都拥有这些特点，索诺兰沙漠、莫哈韦沙漠和奇瓦瓦沙漠都分别至少有一种这类动物。

索诺兰沙漠　索诺兰沙漠从墨西哥的北纬22°的班加（下加利福尼亚半岛）半岛一直延伸至亚利桑那州中部的北纬35°。以盆地和山脉地形为其地貌特征，兼有小型侵蚀断块状山脉和广泛区域的冲积扇、山麓冲积平原以及干盐湖，大约有80%的地貌为遍布粗和细冲积层的盆地，很多的沙漠山脉从沙漠气候和环境中拔地而起。尽管在山脉之间有内陆排水系统存在，但仍有一些主要河流流向加利福尼亚湾。科罗拉多河将加利福尼亚州和亚利桑那州分开，并将少部分水带入大海。盐水河和希拉河，将凤凰城上游的水截流，却很少有水。在墨西哥，索诺伊塔河以及索诺兰河永远都流不到海湾。曾经，里约亚基河可以流入海湾，马格达莱那河却不能流入那里。

除了高海拔地区以外的其他地区气候温和，冬季的气温随纬度而不同，亚利桑那州比墨西哥的气温稍微冷些。夏季的气温则相似，不会由于纬度而不同。长时间的白天日照和大陆性气候确保了夏季的气温一如既往的炎热，持续90天最高日气温达到100℉（约38℃）是普遍现象。冬季温和并且很少结冰，除非是高海拔地区。很多索诺兰沙漠的植物在持续36小时低于冰点的温度下会被杀死，这也恰恰为沙漠植被划出了一条边界线。

索诺兰沙漠的南部地区受下沉的副热带高压系统的影响，沙漠区域作为一个整体处于美国境内南落基山脉和墨西哥境内的西玛德雷山脉的雨影区内。这些南北走向的山脉，阻碍了从墨西哥湾吹来的含有水气的风。西风携带的气旋风暴，在北部和西部地区起到了更大的作用，所有的区域都在夏季处于雷暴之下。索诺兰沙漠拥有复杂的植物组合，因为有些植物对冬季降雨有很好的适应性，而其他植物需要的却是夏季降水。同莫哈韦沙漠的冬雨或者奇瓦瓦沙漠的夏雨相比，这种跨双季节性的降水模式使植物品种具有多样性。

地貌呈现出从山谷中细腻的、时而呈现盐碱化的沉积层，一直到冲积扇顶部的粗砾和漂砾的变化特征，植物分布的变化性同该地区的地貌密切相关。依靠在山麓冲积平原所处位置不同而形成的不同植物组合，实际上同土壤中含有可利用水分的数量有关。细腻的土壤可能含有数量可观的水分，对微小土壤颗粒的毛细管吸力使植物的根系很难从其中汲取水分。山麓冲积平原上坡中间段的岩石更大些，水分便可以被植物利用。

同索诺兰沙漠最为紧密相关的植物是柱状仙人掌（见图2.6a）。柱状仙人掌在石炭酸灌木和假紫荆植物等这些被称为护士树的阴影的庇护下，从种子开始了它的生命旅程。它生长缓慢，生长10年也许只能达到4英寸（约10厘米）高，25年后可以达到2英尺（约60厘米）高，75年开

图2.6　北美暖沙漠中的标志性植物：(a) 肉茎植物，比如索诺兰沙漠的柱状仙人掌(迪·富尔斯特提供)；(b) 短叶丝兰，莫哈韦沙漠的一种高大丝兰植物 (作者提供)；(c) 大型叶多汁类植物，比如在奇瓦瓦沙漠中一种丝兰类植物 (作者提供)

始长出分支，100年成熟，寿命也许可以达到250年。据估计，27.5万粒种子中只有1粒能够存活并长成成熟的植物。一株成熟的植物有50英尺(约15米) 高，通常有分支，重达10吨以上。地下部分的重量跟地上部分差不多，主根和浅根朝各个方向伸展长达35英尺 (约11米)。广泛的根系系统有两个作用——提供稳定性和来源广泛的水分。每年5月，奶白色的花朵在枝干顶端盛开。它的果实和种子是沙漠中鸟类、动物和美洲土著居民的重要食物。在下加利福尼亚半岛地区没有柱状仙人掌生长。

在索诺兰沙漠中植物有各式各样的生长形态，包括草类植物、灌木、亚乔木和大型及小型的仙人掌类植物。这与其他北美沙漠有所不同——拥有大型树状 (树一样大小的) 仙人掌植物，很多的亚乔木，以及多汁类品种而不是低矮灌木。三种亚乔木——蓝假紫荆属植物、丘麓假紫荆属植物和硬木类植物是广泛分布在索诺兰沙漠的标志性物种，尽管蓝假紫荆属植物并不在下加利福尼亚半岛地区生长。其他典型的沙漠植物有豆类家族的一些树木和灌木，包括豆科灌木和洋槐。一种高大的刺灌木——墨西哥刺木，在沙漠的全域都很常见 (见图2.7)。墨西哥刺木的一种亲缘植物，圆柱木或者叫蜡烛木的分布更有局限性，主要在下加利福尼亚半岛地区。在仙人掌植物的许多品种之中，有几种乔利亚仙人掌非常常见。局部性分布的其他类型仙人掌植物有沿着亚利桑那州和墨西哥边境生长的风琴管仙人掌和在墨西哥境内的食用型仙人掌。较明显的灌木有石炭酸灌木、豚草属植物、扁果菊灌木、西方雪果。在地下有更多水分可以利用的滨水栖息地支持着各式各样的水生植物，比如假紫荆属植物、豆科灌木、棉白杨、柳科植物，以及引进的盐生雪松。

多汁、多棘刺、深扎而广布的根系系统，连同旱季落叶的特点，是一些植物适应沙漠的主要特点。仙人掌也许可以含有超过80%的水分。像柱状仙人掌、食用仙人掌和乔利亚仙人掌这些大型物种，都拥有内部的木本框架，用以将其肉质组织包含于其中。这种木材被美洲土著和墨西哥人用来作为建筑材料。墨西哥刺木的茎干也是木质的，尽管它们有时看

图2.7　索诺兰沙漠里的旱季落叶植物包括：(a) 墨西哥刺木；(b) 在下加利福尼亚半岛发现的圆筒木或蜡烛木　(作者提供)

似死了，但如果种植的话仍会生长。亚利桑那州和墨西哥的绿篱就是把这种刺木的棍子戳到地里做成的。旱季落叶植物包括墨西哥刺木、木榴油、假紫荆属植物。盐生灌木和盐生雪松生长的土壤对大多数其他植物来说盐分太高。植物往往对干旱和高温都有超过一种以上的适应性。

大型动物能够迁徙很远的距离寻找食物和水，而小型动物就必须或者适应沙漠的环境，或者有能力避开干旱和炎热。叉角羚、黑尾鹿和郊狼是索诺兰沙漠中能够长途迁徙的很好例子。沙漠叉角羚羊有一个额外的优势，就是它们可以承受大比例的体重损失，然后在饮水后体重又可以快速得到补偿。像羚角松鼠和小更格卢鼠等小型哺乳动物，一般都具有夜行习性，在洞穴中度过白天。大耳兔是依靠阴凉的庇护

北美的骆驼

在19世纪中叶，美国军内人士说服了当时的军事部长杰弗森·戴维斯，认为在西南沙漠中，骆驼将会是非常好的驮畜。议会同意，以3万美金购买了60只骆驼，于1856年运至得克萨斯州。在从加利福尼亚到得克萨斯州长途跋涉的路上，每只骆驼负重600~800磅（约270~360千克），它们以仙人掌、豆科灌木和藜科灌木为食（一种马和骡子都不会碰触的植物），每天走20~30英里（约32~48千米），并始终保持健康状态。当然，比起多碎石的地面，骆驼带有厚垫的蹄子更适合厚厚的沙子。实验其实很成功，但是没有人喜欢这种动物或者是愿意同它们一起工作。它们看起来怪怪的，并且固执，气味很大，制造噪声而且还很凶猛。仅仅4年之后，这种实验就被内战打断了。内战过后，对沙漠中长途驮畜的需求被向西部延伸的铁路满足了。剩下的骆驼被释放回野生环境中去，最晚在20世纪30年代，还可以偶尔见到孤单的野生骆驼。

和它们的大耳朵，在高温下得以生存下来的。

西瑞野猪，也被称为美洲野猪，是一种经常在夜间逡巡和猎食的野生猪类。它们庞大的头部几乎占了身体的一半，前端是家猪一样的鼻子，用来掘食。这种哺乳动物以5~10只的数量群居，以任何食物为食——多刺仙人掌、植物的根、植物块茎、蜥蜴和蛇。因为它们的视力很差，所以让人看起来很具有攻击性。当它们感觉到危险的时候，就会用蹄子和尖利的獠牙进行猛烈的攻击。

留鸟包括鹰和土耳其秃鹫，它们在北美的其他区域也是常见鸟类。索诺兰沙漠的鸟类包括橙腰啄木鸟和梯背啄木鸟。橙腰啄木鸟在柱状仙人掌上啄洞来找寻昆虫。它们也将筑巢点的空间增大，在啄木鸟不再需要它的巢穴时，会被其他鸟类利用，比如说姬鸮鸟。作为一种保护措施，柱状仙人掌的树液会将巢穴空洞内表层覆盖，这样就可以防止植物的水分流失。这种已经硬化的树液非常耐久，由这种仙人掌“靴子”完全包裹的巢穴，在仙人掌的肉质部分已经完全腐烂后，有时仍然可以在沙漠中以一种硬壳状的形态被发现。坎氏鹌鹑、走鹃、黑丝鹟、仙人掌鹪鹩和曲喙长尾鸫鸟都很常见。

蜥蜴数量庞大，包括蜗螈科蜥蜴、角蟾蜥、孔雀石鬣蜥、沙漠鬣鳞蜥和胀身鬣蜥。有毒物种常见，尤其是五种响尾蛇。亚利桑那银环蛇和钝尾毒蜥也同样毒性剧烈。可以生长到超过2英尺（约60厘米）长，有毒的钝尾毒蜥是北美洲最大的蜥蜴。鸟类和蜥蜴卵、幼鸟以及小型啮齿类动物都是它们的日常食物。它们将猎物咬在嘴里，嚼咬的过程中注入毒素。只有在被严重挑衅的时候它们才会对人类做同样的事情。亚利桑那银环蛇体型小，不足20英寸（约50厘米）长，却是致命的。相比之下，西部钻背响尾蛇可长至6英尺（约1.8米）。角响尾蛇有18~35英寸（约46~89厘米）长。蝎子很小，1~5英寸（约2.5~13厘米）长，而最小的品种最具毒性。亚利桑那银环蛇和索诺兰食鼠蛇是索诺兰沙漠的特有品种。然而并不是所有的蛇都有毒液，西部铲鼻蛇、沙漠玫瑰蟒、食鼠蛇和其他一些品种都没有毒。

索诺兰沙漠的地貌由于19世纪末的过度放牧而遭到破坏。很多过去在大些的多年生植物之间生长的草类植物，都已经被增多了的乔利亚仙人掌和仙人掌果植物所取代。像假紫荆属植物这类“护士植物”的缺失对未来的柱状仙人掌生长非常不利。远足郊游、越野车的使用、放牧以及动物的践踏都破坏了沙漠的植被。将沙漠的土地垦殖为水浇农田，经常会造成盐分的聚积，致使土壤成为不毛之地。

索诺兰沙漠的具体区域　科学家根据气候、物种组合以及植物的生长形态，将索诺兰沙漠分为七个区域。其中两个分区同热带旱生林而不是同沙漠有着更密切的亲缘联系，这里不做讨论。地处下加利福尼亚半岛中心的比斯凯诺分区受到的是雾的影响（见第四章）。

跨越科罗拉多河，沿着加利福尼亚湾形成了一个马蹄形区域，这就是下科罗拉多河谷分区，它是索诺兰沙漠里一个最热也是最干旱的分区。主要是在冬季获得很少量的一点点雨水，但并不可靠。大多数地区地貌是平原、沙丘或者盐碱滩，故物种组合简单。低地山麓冲积平原及少数几处的花岗岩和火山岩小山，还有低矮的山脉，支撑了一些稍微复杂些的生物群落。这个广泛的沙丘区域，也是北美沙漠中最大的一个，坐落在靠近尤马地区的科罗拉多三角洲周围。

只有两个生物群落占据重要地位，它们都生长在更加裸露的地面上。沙质冲积平地上覆盖着白色的豚草属植物和石炭酸灌木，通常同扁果菊灌木有关。沿着干河床生长的混合灌木主要有假紫荆属植物、密豆灌木和西方雪果。也许是由于缺少亚乔木这类的“护士植物”来保护种子播种的缘故，在下科罗拉多河地区没有柱状仙人掌生长。

很少的一部分多年生植物,在一直都很干燥而又盐碱化的沙漠砾原上生长，石炭酸灌木和豚草类植物只局限于生长在小水道周围区域。冬雨过后，一年生的巴塔哥尼亚车前草属植物开始生长，这是动物主要的食物来源。原来遍布在盐碱滩的滨藜属植物和密豆树类灌木已经被庄稼覆盖，在科切拉和希拉河谷地区尤甚。

地势高些的山麓冲积平原上的粗质土壤涵养了更多的水分，无论是在生长方式还是在物种上都支撑起了一个更复杂的植物群落，尤其是丘麓假紫荆属植物、猫爪刺槐以及墨西哥刺木。仙人掌类植物，尤其是乔利亚仙人掌，是山麓冲积平原上很好的代表性植物。潜水湿生植物如棉白杨、柳属植物，以及盐生雪松，只生长在科罗拉多河漫滩上。靠近尤

索尔顿湖

索尔顿沟谷和帝王谷，是加利福尼亚湾的延伸，却被科罗拉多河三角洲的冲积沉积物质同大海分隔开来。索尔顿沟谷的大部分地区都低于海平面，某些地区甚至超过了250英尺（约75米），却没有出口通向海湾。湖滨线的沉积物质显示，索尔顿沟谷在400~1800年前曾经是淡水区域，在西班牙人探险时期却没有关于这个湖的记载。尽管索尔顿湖（占据着洼地的最低部分区域）有时也间歇性地存有一些水，但这不是一个完完全全的本质现象。1904年，来自科罗拉多河的洪水沿着帝王谷的水道灌入这里,而通常情况下外来水源只会被带到帝王谷里。同年的7月份，87%的科罗拉多河的水流入了索尔顿湖而不是加利福尼亚湾。直到1907年水流恢复正常流向的时候，索尔顿湖有67英尺（约20米）深，水域面积达443平方英里（约1147平方千米）。因为没有更多水分的涌入，沙漠气候中的高蒸发环境使湖水高度在5年后下降到25英尺（约7.6米）。因为索尔顿湖是一个没有天然出水口的封闭湖泊，水分蒸发的同时盐分开始聚积，从而造成了环境问题。

马地区的沙地有多年生草类植物生长，比如可以固定沙丘的伊莱尔氏草属植物。

在索尔顿沟谷北部及其相邻的科罗拉多河西部下加利福尼亚半岛湿润、背阴的峡谷里，可以发现一排排的原生沙漠蒲葵。用于商业种植的枣椰树——原产于撒哈拉地区，也大片生长在科切拉和帝王谷地区。

由于植被稀疏，在下科罗拉多河峡谷地区，鲜有大型动物生存。在崎岖不平的高山上，也许会发现沙漠大角羊的踪影，在砂原和沙漠砾原上偶尔会有索诺兰叉角羚出没。因为可以容忍人类的存在并从中得利，郊狼的身影随处可见。掘洞的啮齿类动物，比如圆尾地松鼠，以及它们的捕食者墨西哥狐，都是砂原上特有的动物。鸟类很少，几种猛禽靠捕食小型哺乳动物为食，然而爬行动物却纷繁多样。每一个独特的栖息地、多岩的山顶露头区域、山麓冲积平原、山麓地区、砂质平原以及水道都支撑了一个不同种类爬行动物的物种组合。比如中美蚺属蜥蜴和扁尾角蟾蜥都是下科罗拉多地区的地方性物种，尤其角响尾蛇，对多沙地区有很强的适应性。

科罗拉多河对一些动植物来说是一个分界线。加利福尼亚州没有姬鸮和金翼啄木鸟，因为在河的西岸很少有给它们提供筑巢地点的树形仙人掌。不同种类的羚角松鼠和小囊鼠生活在河的两岸，加州也没有西瑞野猪，希拉毒蜥和银环蛇也只生活在亚利桑那州。

很显然，在亚利桑那州中南部的吉拉班得和图森之间，亚利桑那高地分区比下科罗拉多河谷地区更加凉爽，也更加湿润。它海拔更高，500~3000英尺（约150~900米），拥有很多粗山麓冲积平原。年降水量通常有10英寸（约250毫米），西部少，向东逐步增多。降水模式是冬季和夏季的双季节性。复杂的植物种群密集分布，亚利桑那高地是美国沙漠的一个范本，是亚乔木、灌木、大小仙人掌簇拥而生的一道风景线。它的植物品种多样，但未必都生长在一个地方。举例来说，石灰岩地表更干燥些，因为水分可以从岩石中滤过。因此，石灰岩区域经常支撑的是只有稀疏植被覆盖的石炭酸灌木丛，而相邻多砾石的山麓冲积平原拥有更多的植物种类和更大的生长密度。总之，数量最多的植物在很多栖息地都会茁壮生长。虽然不像其他植物一样品种众多，树状仙人掌在视觉角度上却占有突出的主导地位。

种类组成和种群复杂性的不同，是由其所处山麓冲积平原的位置所决定的，尤为重要的是土壤质地的差异造成了水分含量的不同（见图2.8）。山谷和山麓冲积平原更低、更平坦的部分同下科罗拉多河峡谷相似，生长着大片的石炭酸灌木和白色豚草属植物，还有一些刺槐和乔利亚仙人掌。沿着山麓冲积平原的缓坡，有大片的植物群落过渡带，从平原的石炭酸灌木–豚草种群过渡到多岩区域的矮小林地种群。山麓冲积平原的中段和上段山坡，支撑着多样化的植物种群，有高大的圆柱状仙人掌、亚乔木、灌木，以及小型到中型的仙人掌植物。这一区域有时被称为假紫荆–仙人掌沙漠，因为最常见的植物群是丘麓假紫荆属植物和树状仙人掌，伴有很多硬木树种、豆科灌木以及墨西哥刺木。10～20英尺（约3～6米）高的亚乔木和超过40英尺（约12米）高的树状仙人掌，高踞1～2英尺（约0.3～0.6米）的普通灌木层之上。树状仙人掌在山坡上通常会变得更高大，一是因为土壤含水量更多，二是因为亚乔木对其播种萌芽起到了“护士植物”的作用。很多树木，比如蓝色假紫荆属植物、豆科灌木，以及猫爪刺槐，和在下科罗拉多峡谷干涸水道上的同种

图2.8　植物的大小和密度随索诺兰沙漠中冲积扇的坡度的增加而增加。依据土壤的质地和岩化程度，不同的品种生长在不同的高度（杰夫·迪克逊提供）

植物一样，由于粗山麓冲积平原含有更多的水分，所以它们并不局限于在水道附近生长。因为需要在降水更多的高海拔地区生长，加州西蒙得木几乎完全局限在亚利桑那高地，因而也成为那里动物的主要饲料。

仙人掌，尤其是树状仙人掌、圆桶仙人掌和霸王树仙人掌及乔利亚仙人掌，是沙漠风景中的一个突出部分。其中几种是最好的代表或者仅仅局限于这一分区。另外，圆柱状仙人掌、图腾仙人掌和风琴管仙人掌（也由于它甜甜的果实而被称为甜味火龙果仙人掌），在这一地区的南部区域是重要的本地植物。因为它们对霜冻很敏感，所以在南部和墨西哥更普遍。

多年生草类植物，比如美牧草、禾本科牧草和赖特氏鼠尾粟在大型物种之间，尤其是在深层土壤中对地面起到稀疏的覆盖作用。冬季一年生植物在北部占据主要位置，但夏季一年生植物在南部夏季降水更多的地方数量更多。碱性土壤几乎都由一排排的滨藜占据。干涸的水道内生长着成排的猫爪刺槐、牧豆树和蓝色假紫荆属植物。

双季节性的降水同植被生长的密度以及多样性特点相结合，为一个多样性的动物生存环境起到了支撑作用。沙漠驼鹿和西瑞野猪是常见的大型动物。小型动物包括蝙蝠、长耳大野兔、棉尾兔和一些掘洞的啮齿类动物，它们都是狐狸和郊狼的猎物。哈氏羚角松鼠是这个区域的特有动物。由于有树木的生长、双季节性的降水以及温和的冬季气温，使得这一区域有益于鸟类族群的生存，有些是留鸟，有些是候鸟。这里的爬行动物同索诺兰沙漠其他地区，甚至北美的其他沙漠也很相似。然而，有些爬行动物，比如希拉毒蜥和亚利桑那银环蛇在这一区域只有局限性的分布。

墨西哥湾沿岸中部分区是在加利福尼亚湾的东部和西部地区的一个狭长地区，包括了湾内的两个大岛屿——蒂布龙岛和拉瓜迪亚天使岛。这一分区被相邻的高山丘陵局限在沿海岸线区域内。一些地区，陡峭的高山或者丘陵沉降直接插入大海，而在其他一些区域山麓冲积平原的山坡一直延伸至海边。这一区域土壤层表浅，质地粗糙，多石。年降水量稀少，北部最少，向南逐步增多。总的降水量和降水季节都不稳定。处于海岸的位置使气温有所改变，夏季和冬季的气温比索诺兰其他沙漠地区都温和。

地区内拥有独特的亚乔木和高大仙人掌的植物种群。尽管如此，像大型的茎干多汁植物摩天柱属仙人掌也在视野上占有优势地位。这个区域也会被称为裂榄属–麻风树属植物沙漠，同时由于其优势植物的短粗躯干或者茎干而被称为肉质茎植物沙漠。主要植物种类是在广泛分布的蓝假紫荆属植物、硬木和酒瓶兰等亚乔木植物之间大量生长着的秘鲁龙血植物、麻风树属植物和墨西哥刺木。其他区域通常不生长秘鲁龙血植物和酒瓶兰，这两种植物在此处的盛行也帮助界定了这一区域。尽管有苯酚灌木的生长，但在此处并不是重要植物，几种乔利亚仙人掌在此处也很普遍。

深层花岗岩土壤和粗质山麓冲积平原上的优势种群，包含了酒瓶兰树木（也被称为火炬木或者裂榄木）以及10~13英尺（约3~4米）高的摩天柱属仙人掌。其他小型树木或者大型灌木主要是假紫荆属植物和墨西哥刺木。一个稀疏低矮的灌木层，低于6.5英尺（约2米），可能包括了豚草属植物、扁果菊属灌木和泰迪熊仙人掌植物。同亚利桑那高地比起来，由于缺少小型灌木层使地貌看起来更广阔，地面更加裸露。在山麓冲积平原底部细冲积扇更干燥更平缓的区域，主要生长着墨西哥刺木、秘鲁龙血植物和石炭酸灌木，以及分散生长的扁果菊属灌木、桶状仙人掌和乔利亚仙人掌。大型仙人掌植物局限在间歇性水道附近。滨藜主要生长在细盐化的海边平原，尤其是在大陆区域。

尽管在海湾的下加利福尼亚半岛一侧，植物的生长更具多样性，在靠近墨西哥利柏塔得港南部的大陆区域内，出现了一种奇怪而又反常的区域。在下加利福尼亚半岛很普通的一些物种，在巴查山脉地区却只出现在一个局部区域。更凉爽的夏季气温、朝北的花岗岩山坡以及更高些的相对湿度，与下加利福尼亚索诺兰沙漠的比斯卡诺区域的气候条件相似(见第四章)。

墨西哥沿岸中部海岸区域的动物种群同索诺兰沙漠其他地区相似。

围绕墨西哥内陆埃莫西约的索诺兰区域上的平原地区是种群多样性最低的地区，比大多数的沙漠生物群落气候更湿润，它是向更南部更加湿润的荆棘灌木区域的过渡带（见此丛书的《草原生物群落》一书），夏季湿热，冬季干暖，很少结霜。细腻黏土土壤的地貌景观基本很平坦。广泛分布的低分支亚乔木和灌木，将这个区域同其他地区区分开来。有更多的草本植物覆盖，标志这一地区在相对较近时期内更加具有草原化的地貌特征。树木，尤其是硬木、假紫荆属树木和豆科灌木（都属于豆科植物），有13~33英尺（约4~10米）高，占有优势地位。石炭酸灌木和白豚草属植物只是区域性的重要植物，仙人掌属植物并不是很多。

因为是到刺林区域的过渡区，物种组合随着纬度变化而变化，越向南部越复杂。在北部区域，疏林同沙漠物种如石炭酸灌木、墨西哥刺木、风琴管仙人掌、仙尼塔仙人掌以及四种乔利亚仙人掌融合生长。在中部地区，石炭酸灌木和扁果菊属植物同更多的树木和灌木，尤其是酒瓶兰和铁梨木共存生长。麦克杜格尔石炭酸灌木取代了楼茇茇草，索诺兰假紫荆植物取代了丘麓假紫荆植物，并且出现了不同的物种。由于树木的增多，仙人掌植物数量有所减少。在南部的边界，树木的种类和数量开始增加，而石炭酸灌木、扁果菊属植物以及柱状仙人掌消失不见。

这一区域的动物物种的唯一不同就是由于树木的存在使鸟类占有优势地位。

莫哈韦沙漠　位于加利福尼亚州的东南、内华达州的南部以及亚利桑那州的西北端。莫哈韦沙漠是美国的四个沙漠中最小的一个。由于几个原因，莫哈韦沙漠同其他暖沙漠有所不同，它在夏季只处在副热带高压气团的影响下，由于处于内华达山脉和横断山脉的雨影区，冬季很干旱。由于莫哈韦沙漠的大部分地区是高海拔沙漠，海拔2000~5000英尺（约600~1500米），所以冬天和夏天都比索诺兰沙漠凉爽些。高海拔沙漠的冬天经常会有霜冻和偶然的降雪。1月份最低平均气温在冰点下一点点，而7月份的最高平均气温是97℉（约36℃）。年降水量主要集中在冬季和春季，平均为5英寸（约130毫米）。莫哈韦沙漠的大致地貌同索诺兰沙漠相似，都是由崎岖的高山、广阔的山麓冲积平原和很多干涸的河床构成，这些河床都是更新世纪期的综合排水系统的一部分。

很多科学家认为，莫哈韦沙漠只不过是索诺兰暖沙漠和大盆地冷沙漠之间的过渡地带。尽管同这两个沙漠拥有很多相同的动植物物种，但莫哈韦沙漠的核心地带与这两个沙漠相比拥有独特之处，其中25%的植物是这个地区特有的。物种的多样性是有局限性的，但丝兰可能是本地常见的。标志性物种是木樨科植物、短叶丝兰木、唇形科植物、莫哈韦槐蓝木、菊科植物和鼠尾草。同索诺兰沙漠比，莫哈韦沙漠仙人掌数量减少，而且没有大型的。有些仙人掌植物在其他沙漠广泛分布，而有些仙人掌比如莫哈韦仙人掌果、银色乔利亚仙人掌、狸尾仙人掌和多头桶状仙人掌都集中在莫哈韦沙漠生长。

尽管短叶丝兰木是一种重要的植物，是莫哈韦沙漠中仅有的几种区域性植物之一，但这个沙漠的大多数地区对它来说还是太热太干了（见图2.6b）。这种高大、树状丝兰主要是沿着沙漠同大盆地的边缘，在比石炭酸灌木平面更高也更凉爽的纬度生长。短叶丝兰木拥有很多分支，可以长到40英尺（约12米）高。早春时节，它分支的尖部长满了一簇簇的奶白色百合般的花。

莫哈韦沙漠和索诺兰沙漠在广阔的过渡区域重叠在一起，其中优势植物有石炭酸灌木、牛滨藜、扁果菊属植物、沙漠小冬青和莫哈韦丝兰，这些植物也都是索诺兰沙漠一些地区的重要植物。一些索诺兰沙漠的标志性植物却在莫哈韦沙漠完全不见踪影。泰迪熊乔利亚仙人掌，一种索诺兰沙漠常见的仙人掌，仅仅在莫哈韦沙漠有一些局部性的分布。

平地和低段山麓冲积平原上的典型植被，是广泛分布的多年生低矮灌木（见图2.9）。中段山麓冲积平原土壤深厚、松散和沙化地段的主要种群，是占优势地位的石炭酸灌木和白色豚草植物。这两种植物结合起来占据了莫哈韦沙漠70%的区域。石炭酸灌木可以无性繁殖，繁殖体可能有几千岁的年龄了。丝兰物种，尤其是短叶丝兰木，视觉上看来是优势植物，但其实其他植物在数量上更多。其他被发现沿着石炭酸灌木生长的植物有扁果菊属植物、唇形科植物和密叶滨藜。表层有沙漠砾石层或者下部有钙质层的土壤区域，都可以阻止植物的深根贯穿，从而产生更干旱的条件，在这样的土壤区域主要的显性植物是密叶滨藜。丝兰和狸尾仙人掌也许在沙漠砾石层区域更加普遍。

几种滨藜在干旱和多盐的干盐湖里组成了植物群落，其中可能还夹杂着一些其他盐生植物。尽管牛滨藜最普遍，在大盆地和索诺兰沙漠里，那些耐盐的植物组合在干盐湖中同样多见。

由于大盆地的高海拔使莫哈韦沙漠的北部边界突然变得陡峭。密叶滨藜和玫瑰属植物是沙漠的优势植物。密叶滨藜能够适应极端的气温和降水条件以及土壤的变化，这些原因也解释了为什么它们会在莫哈韦沙

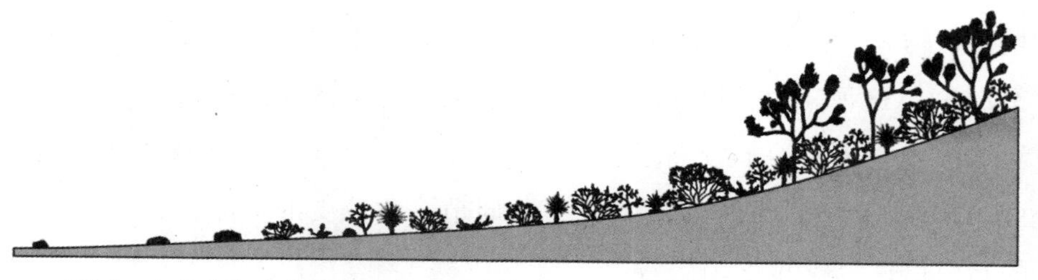

图2.9　在莫哈韦沙漠的冲积扇地区的群落组成，随着纬度的提升，植物从干盐湖的盐生灌木变化成石炭酸灌木和短叶丝兰木，植物的大小和密集度也随之变化　（杰夫·迪克逊提供）

丝 兰

丝兰和蛾子有着共生或者相互依存的关系，意思是说它们需要对方才可以生存下来。短叶丝兰木需要丝兰蛾来帮助授粉。蛾在给丝兰授粉的同时把卵产在花的基底部，也就是子房内。当卵孵化时，幼虫就有种子作为现成的食物。没有其他的昆虫或者鸟类为丝兰授粉，而蛾子也不把卵产在任何其他地方。四种丝兰蛾都同丝兰的某一个特别品种相适应。

漠的北部和钙质层土壤里生长。

莫哈韦沙漠多一年生植物。在250个物种中至少有80个物种是本地特有的。主要物种是应9月到12月份降水而生的冬季一年生植物，但也有些是夏季一年生植物。降水的时间对决定何种物种能够萌芽很关键。

莫哈韦沙漠的哺乳动物同其他北美暖沙漠地区的相似——沙漠大角羊、美洲狮、郊狼、墨西哥狐、驼鹿和山猫。由于稀疏的沙漠植被，那些活动范围大并需要更多资源的大型哺乳动物，只能生活在边缘地区。除了郊狼和驼鹿，很少看见其他大型动物。活动范围小的小型动物，比如小更格卢鼠、大盆地囊鼠和白尾羚角松鼠，都是莫哈韦沙漠石炭酸灌木植物群落的典型动物，同时也生活在与索诺兰沙漠相似的石炭酸灌木栖息地。莫哈韦沙漠资源稀疏，意味着每一种单独的小型啮齿类动物也许会需要在超过15英亩（约0.06平方千米）的土地上来搜寻种子、叶子、无脊椎动物和小型的脊椎动物。尽管数量庞大，同索诺兰沙漠和奇瓦瓦沙漠相比，生活在莫哈韦沙漠的小更格卢鼠和囊鼠种类却更少。只有少数几种啮齿类动物局限于生长在莫哈韦沙漠，这显然说明了这个沙漠更年轻也更具过渡性质。沙漠的北部边界有大盆地，这里有更格卢鼠和囊鼠物种生存。逻辑上来说，南部地区越是往南物种越常见，比如西部犬

死亡谷

死亡谷是莫哈韦沙漠一个极端环境区域，因拥有北美地势最低的地点而闻名，在海平面以下282英尺（约86 米）。因其低海拔和群山环绕的位置，死亡谷拥有北美记录上最高的气温。年平均降水4英寸（约100毫米）。在更新世时期，曼丽冰川湖90英里（约145千米）长、600英尺（约180米）深，填塞了山谷。随着湖水蒸发，盐分结晶，留下了一个侵蚀的盐壳被称为魔鬼高尔夫球场。有些盐壳具有经济价值，在19世纪80年代，骡队开始将硼砂从死亡谷运往165英里（约265千米）外的加利福尼亚莫哈韦沙漠的一个铁路终端站。行程10天，牲畜们同时驮着1200加仑（约4540升）的水。货载总重36吨。在孤立的泉水、沙漠小溪和冰川湖的遗迹中可以发现鳉鱼。其中著名的是在一个只有200平方英尺（约18.5 平方米）区域发现的本地特有的魔鳉。魔鬼洞的小型鱼类，根据季节不同数量也不同，从200条到800条不等，它们生活在比海水盐分高四倍的水中，水温高达113℉（约45℃）。

吻蝠和圆尾地松鼠。白尾羚角松鼠既不会夏眠也不会冬眠，而莫哈韦沙漠本地的地松鼠却有不活动和休眠的状态——干热的时节夏眠，更冷的冬季冬眠。

有些鸟类或者爬行动物是莫哈韦沙漠特有的。康特鸫鸟以这里为中心，但在索诺兰沙漠的部分地区也很常见。就连生活在枯叶和短叶丝兰间的沙漠夜蜥，在索诺兰沙漠和奇瓦瓦沙漠也可以见到。莫哈韦沙漠的大部分蜥蜴和蛇是广泛分布的一个物种亚种（见图2.10）。尽管不是本地区特有的，但很多在莫哈韦沙漠的蜥蜴和蛇的物种都是与众不同的，比如富贵角蜥、莫哈韦六鳞蛇和莫哈韦响尾蛇。叩壁蜥，超过8英寸（约

沙漠虾

仙女虾以胞囊的形式在干旱中得以生存，其实是干盐湖中的一个有壳包裹的胚胎。一个区域可能很干旱，数十年来所有的生命都处于非活动状态。当温度凉爽，配合有足够的雨水时（冬季降雨在这一地区更加可靠），淡水开始聚集，也许只需要三个星期的时间仙女虾就完成了它们的生命周期。因为隔绝的原因，它们在地理上的独立水池里都存在着基因上的变异。

20厘米）长，这种蜥蜴也是特有的。被惊动后，它们张开嘴巴进行警告，然后躲入缝隙中，将身体的尺寸膨大一半，使捕食者无法将它们拉出来。凯尔索沙丘是莫哈韦国家保护区的一个独特区域，拥有7种地区特有的昆虫。莫哈韦中美蚺属蜥蜴并非本地特有，但在别处很少见。

图2.10 沙漠角蜥是莫哈韦沙漠的一种典型爬行动物（作者提供）

奇瓦瓦沙漠　奇瓦瓦沙漠沿着新墨西哥州南部的里奥格兰德河，横跨美国和墨西哥边界，向南穿过得克萨斯州的大本德国家公园。中心区域实际上处在墨西哥中北部州内，覆盖了奇瓦瓦东部、科阿韦拉、杜兰戈东北部、萨卡特卡斯东北部，以及圣路易斯玻托西，同莫哈韦沙漠和索诺兰沙漠相比海拔更高。奇瓦瓦沙漠的一半地区海拔都在4000英尺（约1200米）以上，最高的地区超过6000英尺（约1800米），处在科阿韦拉南部地区。

物理景观是典型的盆地和带有内流水系盆地的山脉地形（在墨西哥被称为沙漠盆地）、砾石平滩、低矮的丘陵以及陡峭的山麓冲积平原。大约80%的土质是石灰岩和砾石平原。玄晶岩沙丘和火成岩岩石区域是这里特有的。沙丘支撑了本地特有的植物种群。尽管大多数是内陆水系区域，外陆排水系统通过里奥格兰德河以及它的支流到达墨西哥湾。在南部的中心高地区域，萨卡特卡斯和圣路易斯玻托西，拥有一些侵蚀的火山。

在墨西哥境内的大部分奇瓦瓦沙漠位于西马德雷山脉和东马德雷山脉之间的一个大盆地区域。在美国境内的奇瓦瓦沙漠，东部向墨西哥湾敞开但在西面被高地限制住。由于高地阻碍了大部分从西部而来的气旋风暴，使这一地区冬季降水稀少。夏季，从墨西哥湾吹来的湿热风带来了全年70%的降水。平均降水量为9英寸（约230毫米），其范围为3~12英寸（约75~300毫米）。在最近时间内草原被沙漠植物取代的边界地区则有更多降水，达到16英寸（约400毫米）。尽管这个降水量超过了大多数北美的其他沙漠，但并不是所有的降水都能被植物所利用。因为夏天的降水是以雷电骤雨的形式来到的，径流也很高，而且因为夏季很高的气温，蒸发量也大。雷雨在水气的数量上和地理范围上都是有变化的，而夏季的降水又是不稳定的。举例来说，在圣路易斯玻托西山谷的年降水量平均为14英寸（约360毫米），但最低达到过4.7英寸（约120毫米），而最高达到过27.6英寸（约700毫米）。更可靠的降水是偶尔从气旋风暴而来的冬雨，尤其是在北部，但通常从1月到5月份都很干旱。不同于冬季降水沙漠的是，这里没有冬季开花的植物。降雪取决于纬度高低，在美国南部更普遍些，越往南越少。

夏季高温是大陆性气候的典型特征，气温超过100℉（约38℃），而冬季寒冷。在高海拔地区，夏季白天的实际气温可能会比索诺兰沙漠低10~20℉（约5.5~11℃）。结冰很正常，尤其是在北部和更高海拔地区，沿里奥格兰德河和更南部的地区也结冰，原因是冷空气可以在山谷中下沉。在某些冬日里，气温也许都不会升到冰点以上。

同索诺兰沙漠和莫哈韦沙漠相比，奇瓦瓦沙漠得到了更多水分的滋润，动植物丰富。奇瓦瓦沙漠是北美洲最大的石炭酸灌木占据优势地位的沙漠，豆类和向日葵家族的植物繁多。奇瓦瓦沙漠的标志性物种有墨西哥龙舌兰、墨西哥刺木和两种灌木——焦油灌木和银胶菊属灌木。在沙漠中大多数地区都可以见到它们的身影。乌柏丝兰和英氏仙人掌果或者由于数量庞大或者由于尺寸高大而非常引人注目（见图2.6c）。仙人掌果多见于湿润些的沙漠，而丝兰在湿润些的沙漠和更加湿润些的草原都常见。

奇瓦瓦沙漠是一个灌木占据优势地位的沙漠，而叶多汁植物在局部很突出并具备多样化特性。少数的树木只在水道和多岩的山坡生长，由于夏季降水，草类更繁盛。同短叶丝兰是莫哈韦沙漠、树状仙人掌是索诺兰沙漠的特有植物一样，大型叶多汁植物是奇瓦瓦沙漠的特有植物。超过十种以上的龙舌兰属植物和至少七个丝兰物种在这里生长。三种最普遍的是乌柏丝兰、墨西哥龙舌兰和帕氏龙舌兰。大本德国家公园的西班牙刀刺丝兰可以长到25英尺（约7.6米）高。熊草和调羹花属植物，同龙舌兰和丝兰相比都有着长而更细的叶片，是很显眼的大型植物。其他龙舌兰物种和皮约特仙人掌也分布广泛并且数量庞大。

龙舌兰物种也被称为世纪花，人们认为它们一百年才开一次花。这是一种夸张的说法，但也许龙舌兰在开花前要等20～50年。这种植物一定要攒足能量并将其输送到花梗。开花的时候，花梗生长异常迅速，每天超过1英尺（约0.3米），直到长到15～20英尺（约4.5～6米）高。在这种巨大的能量消耗过后，植物便死亡了，但那是在它们将后代播撒出去产生新的植物生命之后。你可能会看到，围绕在干枯死亡的中心植物周围，有一簇小的龙舌兰在生长。

尽管奇瓦瓦沙漠盛产仙人掌植物，但大多数都不明显，小到中型的尺寸，或者聚丛或者伏地生长，并不像索诺兰沙漠中发现的树状生长。乔利亚仙人掌和仙人掌果物种都很突出。英氏仙人掌果和桶状仙人掌可以密集生长。桶状仙人掌的两个大型物种尺寸大而很显眼，但并不是优势植物，数量也不大。很多本地特有的仙人掌物种和亚种都有出现 。

奇瓦瓦沙漠可以被分成三个区域。北部的佩科斯河交界区域占据了总面积的40%，覆盖了美国境内奇瓦瓦沙漠的全部和墨西哥境内奇瓦瓦沙漠的一半。中部区域叫马比米安地区，覆盖了墨西哥奇瓦瓦州的部分地区、科阿韦拉以及杜兰戈。这两个区域是典型的盆地和带有干盐湖的山脉地形。南部的萨卡特卡斯和圣路易斯玻托西州地区是萨拉丹区域，其特点是拥有极端的海拔差，从1600英尺（约500米）的山谷到9800英尺（约3000米）的山峰变化不等。大多数的深入研究工作主要集中在佩科斯河交界区域，越向南进入墨

蜡

蜡大戟植物，一种奇瓦瓦沙漠的灌木，是可以有多种用途的蜡质的来源。是化妆品中的润唇膏、口香糖、润滑剂以及上光剂的一种添加剂。通过使用硫酸将很细的蜡质茎煮沸来萃取蜡。因为它有一个很高的溶点，154℉（约68℃），蜡大戟中的蜡质会被同其他蜡质混合起来以增加它们的硬度。对野生的这种植物的过度采伐已经减少了它们的数量。

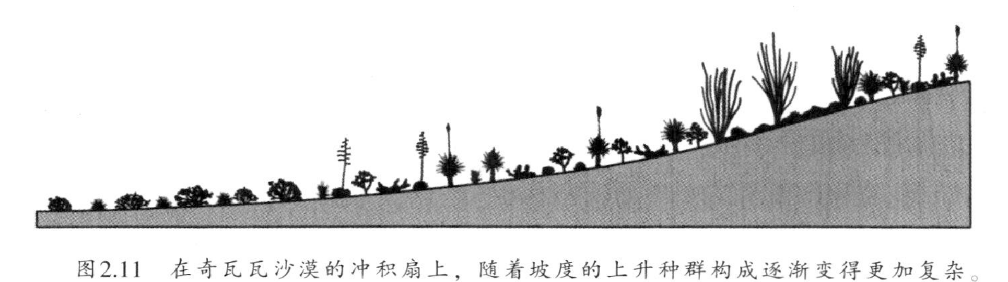

图2.11　在奇瓦瓦沙漠的冲积扇上，随着坡度的上升种群构成逐渐变得更加复杂。叶多汁植物和墨西哥刺木占据了最高的和岩石最多的土壤区域　（杰夫·迪克逊提供）

西哥境内，植物群落变得越复杂。

在间有低山的平原地区，尤其是北部地区，最常见的植物群落都包含有石炭酸灌木。焦油灌木和黏性洋槐也许会同石炭酸灌木一同存在，或者几乎是独立的一排排生长。这三种植物在视觉上和植物区系上来说都是优势植物，覆盖了沙漠面积的70%。植物群落在从干盐湖向丘陵的地势高度逐渐增加的过程中变得越来越复杂（见图2.11）。在干盐湖和岩石露头处的最高点，叶多汁植物（丝兰、调羹花属植物、龙舌兰属植物以及熊草）数量变得庞大，墨西哥刺木和墨西哥龙舌兰变得更加常见。尤其是在岩石露头处，墨西哥龙舌兰数量很多，在某些区域也许它们会是优势植物。如双柱紫草属植物、猫指槐、得克萨斯鼠李这些大型木质灌木，也变得更多见。高海拔多汁灌木群落形成了一个向更湿润草原的逐步过渡地带，有时也会有美牧草生长，也会偶见刺柏属植物。

在马比米安地区，石炭酸灌木同很多的丝兰和食用仙人掌物种一同生长。优势种随所处区域的不同而发生变化，这些优势植物种包括：墨西哥龙舌兰、豆科灌木、墨西哥刺木、丝兰和多种龙舌兰属植物和仙人掌属植物。

其他的种群包括灌木类豆科植物种群、草原植物种群、滨藜种群和玄晶石沙丘种群。无盐的冲积扇土壤支撑了一排排密集的滨藜植物，间有一些灌木。奇瓦瓦沙漠的20%是生长有灌木植物的草原。由于充沛的夏季降水，东部草原上常见的那些在夏季生长的草类植物将它们的生长范围扩大到沙漠里。由于更凉爽的气温和石灰岩基岩中富含的碳酸钙可以促进草的生长，这个沙漠上草类植物数量庞大。草原洼地上，优势植物有美牧草、伊莱尔氏草属植物、乱子草属植物以及草原鼠尾粟，占据着奇瓦瓦沙漠的封闭的盆地区域。这些草原植物经常围绕着一个生长着如盐草属植物和滨藜等盐生植物的多盐的中心区域生长。

火山区域干盐湖边缘的沙丘是石英石构成的，但由于富含石灰岩的原因，更为常见的沙丘是由玄晶石构成的。沙丘区域支撑的群落种类为灌木蒿、豆科灌木以及乌柏丝兰。三个最知名的玄晶石沙丘区域是在新墨西哥州的白山国家遗址、科阿韦拉的瓜德罗西埃内加斯西部地区以及在奇瓦瓦的近萨马拉尤卡地区。尽管玄晶石沙丘的物种很少，植被稀疏，一年生植物不多，但在墨西哥的奇瓦瓦地区很多植物种属却只在这里生长。

石灰岩和火成岩派生出来的土壤有着明显的区别。由于过度干燥，石灰岩山坡支撑着沙漠灌木的生长，而同样海拔的火成岩山坡却支撑着草原植物的生长。石灰岩上的主要植物是墨西哥龙舌兰、丝兰、蜡大戟和墨西哥刺木。火成岩基质支撑的是仙人掌属植物——豆科灌木类别的植物、大型柱状仙人掌以及豆科灌木。这种树状仙人掌灌木最好的生长地区在南部。在萨拉丹地区的乌柏丝兰林地，丝兰可以生长到50英尺(约15米）高，调羹花属植物长得远远高于沙漠灌木，这是一个向草原过渡的区域。

同北美其他沙漠相比，人们对奇瓦瓦沙漠的大多数地区研究甚少，而对墨西哥境内的南部地区的研究比对新墨西哥州和得克萨斯州的研究更少——它是世界上三个具有丰富生物多样性和差异性的沙漠之一（其他两个是大洋洲的大沙地和非洲西南的纳米布卡鲁）。在3500种植物物种中，多达1000个物种是本地特有的，达到总数的29%，其中包括了16

个地区特有种属。这种地区特有的分布性缘于隔绝的盆地和山脉地形以及一万年以前的更新世纪期的气候变化。地区特有分布包括仙人掌、蝴蝶、蜘蛛、蝎子、蚂蚁、蜥蜴和蛇。接近瓜德罗西埃内加斯的中科阿韦拉是沙漠灌木和玄晶石沙丘群落的地区性特有分布的中心地带，包含了很多本地的特有仙人掌植物。在更新世纪期，这个区域是一个气候避难所。奇瓦瓦沙漠是世界上所有仙人掌物种中多达五分之一物种的故乡，达到350~1500种。顶花球属和食用仙人掌属物种尤其具有多样性。

有很少的哺乳动物和鸟类只局限于在奇瓦瓦沙漠生存。尽管几种囊鼠、林鼠和其他啮齿类动物物种以这里为中心，但大多数为常见沙漠物种。尽管具有地区特性，但鳞状斑点鹌鹑和白脖大乌鸦也在沙漠的边界之外出没。大多数鸟类，或者为临近的草原物种，或者为广泛分布的沙漠物种。有些爬行和两栖动物，其实是奇瓦瓦沙漠特有的。尽管并不局限于在这个沙漠生存，但仍然以这里为中心，很有名的有得克萨斯州条纹壁虎和网纹壁虎、小型条状鞭尾蜥蜴以及得克萨斯角蟾蜥。几种蛇类，比如佩科斯河交界食鼠蛇、得克萨斯黑头蛇以及美国西部鞭蛇都是这个地区的代表。两种最常见的响尾蛇是广泛分布的莫哈韦响尾蛇和西部钻纹响尾蛇。最近在奇瓦瓦沙漠环境中发现的物种，比如沙漠盆地龟和叉角羚，是被“困在”恶化的环境中的草原遗留物种。沙漠盆地龟和科阿韦拉箱龟都是本地特有的。两种鞭尾蜥（新墨西哥鞭尾蜥和箬竹蜥）是独特物种。因为它们都是雌性并可进行无性繁殖。

南美洲的暖沙漠

蒙特沙漠　蒙特沙漠从北部靠近玻利维亚边界的南回归线，大概一直延伸到南纬45°的阿根廷（图2.12）。它是相对来说处于高山之间的一个低洼山谷，通常高度3000~4000英尺（约900~1200米）。实际上，海拔从它的南部同大西洋海岸接壤的海平面高度（里奥内格罗和丘布特

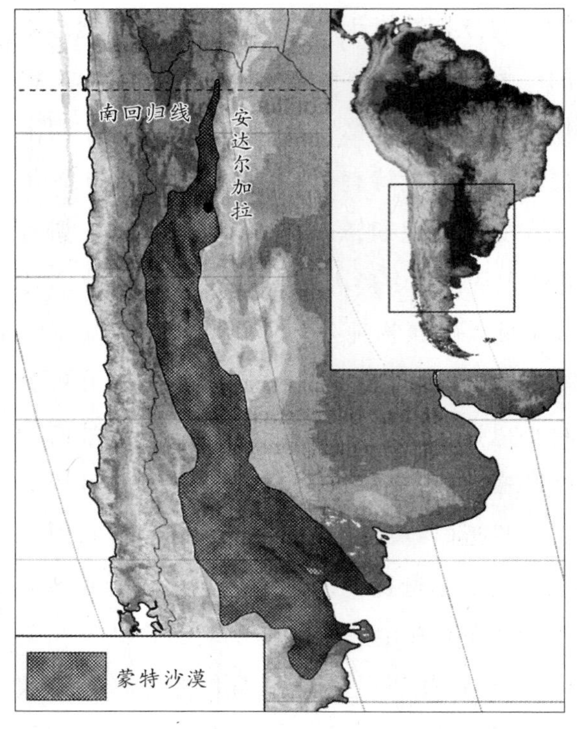

图2.12 安第斯山脉东部的蒙特沙漠的地貌特点是一系列的山脉和盆地（伯纳德·库恩尼克提供）

省）一直上升到北部（萨尔塔省）的9000英尺（约2800米）高。西部边界是安第斯山脉（20000英尺，约6000米），北部边界是玻利维亚高原（10000~16000英尺，约3000~5000米），东部边界是一系列的山脉，从北部的16000英尺（约5000米）高度向南逐渐降低到3300英尺（约1000米），它的地理位置使其成了一个雨影区。所以风无论从哪里吹来，蒙特沙漠都处于山脉的背风坡。

这些山脉——安第斯山的余脉，向前延伸形成了大型的山谷地形，而沙漠植被占据了这些山脉之间的盆地区域。平均年降水8英寸（约200毫米），但有时可以达到3~12英寸（约80~300毫米），通常北部更湿润而南部更干旱。处于群山环绕的盆地中心区域是非常干旱的地区，年降水少于4英寸（约100毫米）。陡峭的山脉和山谷地形造成了短距离内降水和植被的差异性。因为延绵的高大的安第斯山脉阻碍了西风和冬季的气旋风暴，所以超过一半的年降水量产生在夏季，在某些区域，80%~90%的降水发生在夏季。同气旋风暴的运行轨迹更接近的蒙特沙漠南部地区，受到了更多冬季降水的滋润。由于高海拔的原因，冬季凉爽些为37~70℉（约3~21℃），但少霜冻。因为海拔较高并且有小范围的陆地受到海洋的影响，夏季的最高气温达90℉（约32℃），而不是暖沙漠常见的超过100℉（约38℃）的温度。

占有优势地位的植物群落有蜡质常绿石炭酸灌木丛（在南美洲被称为番木瓜）、维腊木属植物以及多管藻属植物，同样常见的还有玄参科植物、亚洲百合和豆科灌木。随着向山麓冲积平原上升，植物种类也增多了，有更多的树状仙人掌、小型仙人掌、乔木，以及高大和矮小的灌木。山麓冲积平原的中部和底部山坡由灌木占有统治地位，而上段山坡变成了柱状仙人掌的领地。在北部区域，毛花柱属植物、天伦柱属植物和陆地凤梨科植物这些更加复杂的仙人掌灌木群落生长繁盛，而在更凉爽的南部地区低矮灌木占优势。豆科灌木、酒神菊属植物以及水岸赤杨木都是滨水植物，在干河床处生长。黏土质土壤支撑了滨藜植物的生长，高盐的区域有碱蓬草和藜木属植物的种群。由于缺乏冬季降水，这里没有冬季或者春季一年生植物或者冬季生长的灌木，一年生物种的总量很少。

仙人掌植物很常见并具多样化，有其他地区没有发现的种属。南美地区特有的属有仙人球属、裸萼球属以及锦绣玉属等等。常见的本地物种包括毛花柱属植物、绿猴仙人掌以及几种食用仙人掌。

虽地处两个半球又相距6000英里（约9600千米），南美洲的蒙特沙漠和北美洲的索诺兰沙漠却拥有很多气候、地形以及生长形态上的共性。外观类似的一个原因，是很多属的植物——石炭酸灌木、刺槐、豆科灌木、假紫荆属植物、仙人掌果，以及更多的植物物种，在两个沙漠中都有生长地。这两个沙漠分享着50种相同或者紧密相关的物种。在对两个地点（阿根廷临近安达尔加拉的皮帕纳科盆地和亚利桑那州临近图森的阿弗拉山谷）的大约250个物种进行比较时，我们注意到了很多相似之处。尽管在两个沙漠中只发现了14个相同的物种，但51个属和29个科存在共享情形，代表了大约各自植物群落的50%。石炭酸灌木，在两个沙漠里都是优势植物，北美只有一个代表物种，但蒙特沙漠有5个代表物种。蒙特沙漠的过江藤属植物同北美炎热干旱地区的番木瓜属植物具有生态上的等效性。夹竹桃科植物只在滨水区域生长，而非洲紫罗兰属植物却生长在更凉爽的地区。亚利桑那州的天鹅绒豆科灌木同蒙特沙漠的几个豆科灌木物种都有紧密的联系。索诺兰沙漠的丘麓假紫荆属植物在蒙特沙漠被替换成了蜡梅属植物。

大多数物种、属，甚至是科，其实都是不同的。同类似的环境条件相呼应，趋同进化适用于拥有相似的形态和生理特点的不相关的生物体。植物对干旱、炎热和盐分的适应性是相似的——尽管植物也许属于完全不同的种属和科目。蒙特沙漠的很多动植物同索诺兰沙漠上的动植物都有环境上的等效性。毛花柱属植物，一种高大的柱状仙人掌，取代了索诺兰沙漠上的树状仙人掌。同索诺兰沙漠上的假紫荆属植物一样，维腊木属树木只有很少的小型叶片，苍绿色的茎干进行了大多数的光合作用。

两个沙漠中的一些突出物种互相之间没有等效性。没有豚草植物、墨西哥刺木、龙舌兰属植物、丝兰、硬木植物、扁果菊属植物或者乔利亚仙人掌生长在蒙特沙漠，也没有其他类植物取代它们的位置。蒙特沙漠与北美洲沙漠中的刺槐和番泻树没有等效性。有一种陆地凤梨属植物在蒙特沙漠常见，这同索诺兰沙漠明显不同。凤梨属植物是凤梨科植物家族的成员（菠萝科目），在这里的代表是狄克属植物、铁兰亚科植物和铁兰属植物（见图2.13）。它们都是叶多汁植物，表面上同丝兰或者小型龙舌兰相似，都有革质叶片的花环。它们的叶子上通常都排列着尖利、反转的刺或者尖峰。凤梨属植物可以在仙人掌、岩石和灌木之间以一种密集的地垫形式覆盖地表。尽管沙生凤梨属植物——一种小型的多刺叶多汁植物，也生长在奇瓦瓦沙漠中，但它们不是同一植物。

蒙特沙漠的脊椎动物和无脊椎动物，都是独特的。沙漠中生活着很少的大型哺乳动物。栗色羊驼是美洲驼的一种亲缘动物，曾经在蒙特沙

图2.13 在南美洲的蒙特沙漠里，如硬叶凤梨属的凤梨科植物是在仙人掌灌木中间生长的常见植物 （马克·穆拉迪恩提供）

漠的北部地区很常见，但其数量由于狩猎的原因而锐减。

贫齿类动物是最具特色的，犰狳和食蚁兽家族成员有小的牙齿或者没有牙齿。咆哮犰狳是最常见的动物之一，它们不以呼吸或者排汗的方式来进行蒸发冷却，它们可以忍受体温在一天内的巨大变化，并通过掘洞来躲避炎热，它们只需要很少的自由水分，能够适应炎热和干旱的环境条件。同臭鼬的食物习惯相似，咆哮犰狳是一个机会主义捕食者。它们通过昆虫、植物和腐尸来获得水分。它们冬季在白天活动，夏季则是在晚间活动。

在蒙特沙漠里，啮齿类动物和其他小型哺乳动物不能适应这里的沙漠环境，因此很少见。它们大多数都不能仅仅依靠新陈代谢水分而生存，如果不饮水，几天内就会死亡。

两大啮齿类动物豚鼠和棉鼠有着不同的起源和形态。它们在促进啃嚼的颊部肌肉方面有着明显的区别。最著名的豚鼠类动物，来自豚鼠科，是南美天竺鼠。北美棉鼠很常见，比豚鼠更具多样性。它们包括了不同科的啮齿类动物，比如地松鼠、小更格卢鼠、囊鼠和林鼠。南美洲在白垩纪之前就同非洲分离开来。因此，最初与非洲有共同之处的豚鼠就有了四千五百万年的在南美洲独立进化的历史。仅仅在二百万年前两个美洲大陆才通过中美洲连接在一起，棉鼠便从北美洲向南迁徙。在蒙特沙漠的两个独特的栖息地发现了两种不同的啮齿类动物。豚鼠占据了沙漠地区，而棉鼠稀少，生存在湿润的滨水栖息地。

一些蒙特沙漠啮齿类动物同北美的物种具有相同的适应能力，是趋同进化的样板，而其他的则不是这样。沙漠豚鼠看起来像地松鼠，但没有尾巴，实际上是食草的天竺鼠。栉鼠是掘洞啮齿类动物，外观和行为都很像囊鼠。事实上它们是以含有很多有毒物质的石炭酸灌木为食，这表明这两个物种具有一个很长的共同的进化历史。栉鼠与门多萨天芥菜属植物有着共生的关系，栉鼠食用这种多年生植物的块茎，同时也清理了它的洞穴，将一些块茎像土堆一样堆砌在洞口。土堆松动的土壤，连同粪便一起，是天芥菜的良好繁殖地，这就保证了栉鼠和植物能够一起存活。巴塔哥尼亚野兔，也被称为阿根廷长耳豚鼠，同其他的兔子和真正的野兔并没有关联；它是一种豚鼠（见图1.6b），有30磅（约14千克）重，是蒙特沙漠的一种大型哺乳动物。如同长耳大野兔一样，它更像一个奔跑健将，速度可以达到每小时30英里（约48千米），是世界上跑得最快的啮齿类动物。阿根廷长耳豚鼠也是蒙特沙漠上唯一的一种具有晨昏习性的动物。

两种不相关的动物因沙漠环境进化出了相似的适应机制。平原兔鼠生活在植被覆盖稀疏的蒙特沙漠栖息地，在滨藜植物下的洞中生存。如同大盆地凿齿兔一样，它可以将滨藜叶子外层的盐壳擦去并扔掉。它并不是用它的牙齿，而是用它嘴里短而硬的毛发做到的。它也是在盐碱滩区域被发现的沙鼠，可以从仙人掌里获得水分，而且可以饮用比海水盐分高四倍的水分。

蒙特沙漠有很少的食肉动物物种，这也反映了猎物很少的状况。尽管偶有美洲狮光顾长有多刺灌木的山坡顶端或者植物群落交错带，但大多数的捕食者体型都很小，比如狐狸（阿根廷灰狐）和黄鼬。数量更少的灰鼬和巴塔哥尼亚黄鼬都是夜行习性，以鸟类、小型哺乳动物、蜥蜴和蛇为食。小型捕食者，如负鼠，体重少于1盎司（约28克），生活在滨水栖息地。它们用可以缠卷的尾巴来爬树，这样就可以吃到鸟蛋、昆虫和水果。

有些动物物种的缺失是很明显的。因为很少有一年生植物又缺少种子，蒙特沙漠少有食种子动物生存。其他暖沙漠因为趋同进化而产生了很多双足跳跃的不同啮齿类动物物种，相比之下，这里没有进化出像小更格卢鼠这样的两足哺乳动物。

等效性物种，实际上它们在觅食上的习惯都很相似。举例来说，数量很少的鹡鸰鸟从灌木树叶里觅食昆虫，这同索诺兰沙漠的黑尾蚋鹟鸟一样。蒙特沙漠的凤头命令鸟和索诺兰沙漠的甘氏鹌鹑一样，都以地上的种子和水果为食。蒙特沙漠的两种长腿兀鹰物种以腐尸为食，这同北美的大乌鸦一样。大多数的其他鸟类没有等效性物种。因为植物种群更复杂而使鸟类有更多的筑巢点和食物，鸟类的数量也随之增多。安第斯秃鹫在阿根廷北部的群山和相邻的沙漠里都能生存。两种不能飞的鸟类都是鹈鸟。美洲鹈鸟，5英尺（约1.5米），体重50磅（约22.5千克），是一种在安达尔卡拉地区的类似鸵鸟的鸟类。另外一种鹈鸟更喜欢在蒙特沙漠南部的木丛沙漠和巴塔哥尼亚生活。

在索诺兰沙漠和蒙特沙漠没有常见的爬行动物。19种蜥蜴属种中的1种和28种蛇属中的2种是相同的。实际上，几种等效性物种确实出现过。索诺兰沙漠的趾缘蜥物种和蒙特沙漠的树鬣蜥都有着蹼趾和鼻阀，这使它们能很好地适应在沙子中掘洞。索诺兰沙漠的带斑壁虎和蒙特沙漠的两种印记壁虎物种占据了多岩石的栖息地，都是夜行习性。索诺兰沙漠的犹他土鬣蜥和树鬣蜥有着相似的形态、行为方式和繁殖特点。两种毒蛇，一种响尾蛇和一种蝰蛇，取代了北美洲的响尾蛇。

非洲的暖沙漠

撒哈拉沙漠　撒哈拉，阿拉伯语中意为沙漠，大致位于北纬15°至北纬30°，实际上是几个沙漠的结合（见图2.14）。取决于以哪种边界为确认，它覆盖了从大西洋到红海的3000英里（约4800千米），以及从南到北1000英里（约1600千米）的浩瀚区域——大概相当于包括阿拉斯加在内的美国的国土面积。它的面积是350万平方英里（约900万平方千米），其中包含了低于800平方英里（约2100平方千米）的绿洲（不包括尼罗河谷地）。贫瘠的地貌景观包含了岩石、沙子、沙漠砾石表层、盐碱滩、干河床（干谷）以及一些被深度切割的山脉。

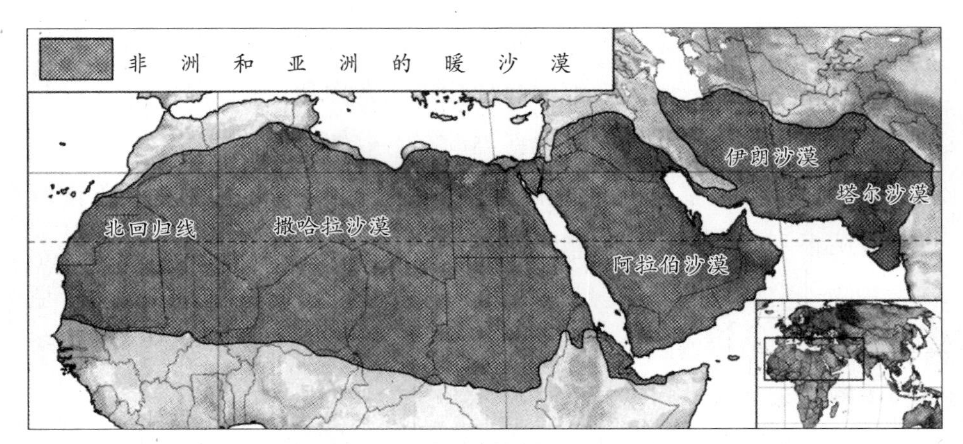

图2.14　非洲和亚洲的暖沙漠从大西洋一直延伸到东部的巴基斯坦印度河谷（伯纳德·库恩尼克提供）

四种被确认的撒哈拉地貌类型是——丘陵或者高山、砾质沙漠、砂质沙漠和石质沙漠。阿哈加尔山脉，是阿尔及利亚南部的主要山体，同周边的小型山脉有关联。提贝斯提山脉位于乍得北部。在简化地图上，这个山脉的全部区域被称为提贝斯提地块。撒哈拉沙漠的大部分地区处于低海拔区，在海平面以上2000英尺（约600米）处，但在提贝斯提地块的山脉上升到了9000~11000英尺（约2700~3300米）。在利比亚北部的卡塔腊低地的最低区域则低于海平面436英尺（约133米）。

简单地说，尼罗河西部的中撒哈拉沙漠可以被看作一个单一的大型山脉残留部分，实际上是两个主要的山体，被广大的冲积扇斜坡所包绕。撒哈拉沙漠的基岩、花岗岩和片岩，在撒哈拉沙漠中部被向上推起，从而形成了阿哈加尔山脉和提贝斯提山脉。结晶岩混合玄武岩，形成高原和火成单成岩体。除山脉露出的部分以外，结晶岩上覆了砂岩、石灰岩、砾石和沙土层。阿哈加尔山脉东北缘的阿杰尔高原是由砂岩层侵蚀而成的高原、峡谷，以及同美国西南部峡谷地相似的尖峰。盐田，一个由石灰岩侵蚀而成的碳酸钙物质累积区域，在陡峭的悬崖之下是很常见的。在毛里塔尼亚中部，被称为达尔的倾斜砂岩悬崖，一直延伸数百千米。

甚至在古时，北部非洲的排水都是内陆排水。河流要么干涸，要么在到达海洋之前蒸发殆尽。从提贝斯提和阿哈加尔地块辐射而出的河流，生成了巨大的冲积扇和山麓冲积平原，从而形成了今天的砾石平原和砾石沙漠。随着离山脉距离越来越远，沉积物持续地变得越来越细腻。沙被风从砾石中淘出并卷起，在低海拔区域沉积，形成了沙丘。

环绕着所有山脉和覆盖着撒哈拉沙漠一半以上的是沙漠砾石表层的砾石平原，称为砾漠（或者沙砾性沙漠）。它们是沙漠中最无生机的不毛之地，绿洲很少。阿哈加尔的西部，在阿尔及利亚西南和马里北部地区的塔奈兹鲁夫特砾漠，覆盖了20万平方英里（约52万平方千米）的土地。在利比亚东部、埃及西部，以及苏丹西北部的利比亚砾漠甚至更大，覆盖了34万平方英里（约88万平方千米）的土地。南部的泰内雷砾漠位于尼罗河北部。被称为砂质沙漠的沙丘区域占据了撒哈拉沙漠的25%，它们在更低海拔和更远离山脉的地区包绕着砾漠。在阿尔及利亚的北部地区，东部和西部砂质沙漠与阿特拉斯山脉接壤。向西，在毛里塔尼亚东北部和阿尔及利亚西部是凯克砂质沙漠。在塔奈兹鲁夫特和大西洋之间的撒哈拉空域，被称为马拉加特–阿尔库伯拉，主要位于毛里塔尼亚（另外一个也被称为空域的位于阿拉伯半岛）的区域。另外的沙质区域是比尔马以及在尼罗河东部和乍得北部的北乍得砂质沙漠。还有在利比亚西部的奥巴里和巴祖克的砂质沙漠。石质沙漠是一个像砾石一样没有松动碎片的牢固光滑的岩石表面。利比亚和阿尔及利亚的山脉的北部地区是广袤的石灰岩高原。在适当的位置，石灰岩的石质沙漠被风沙冲刷得非常光滑，形成了雅丹地貌。它们当中很多都很小，有些却有600英尺（约180米）高，0.5英里（约800米）长。

撒哈拉沙漠的气候 北非和西南亚广袤的沙漠完全受到副热带高压气团的影响。很多地区一年的降雨量少于1英寸（约25毫米），如果有3~4英寸（约75~100毫米）就被认为很好了。有4~16英寸（约100~400毫米）降水的沙漠边缘区域是半沙漠地区。同潜在的10~15英寸（约250~380毫米）的蒸发蒸腾总量相比，低降水量加重了北非的干旱状况。降水并不可靠而且还有地区性。如果真的下雨了，往往都是倾盆大雨。两场降雨有可能间隔数年，尤其是两个极端干旱的地区塔奈兹鲁夫特砾漠和利比亚沙漠南部地区，没有水分和植物。相比之下，提贝斯提山脉生成了一些地形降水，有时会形成小河流注入相邻的沙漠。

撒哈拉沙漠东南部地区从尼罗河获得水分。汇入乍得湖的河流也同样提供了一些地表和地下水。在北部，有些以间歇性河流或者干谷地下水的方式从阿特拉斯山脉和其他高地获得水分。在埃及和苏丹境内，从尼罗河到红海的东部沙漠格外干旱并且缺少植物。实际上，已经石化的树木和很多干谷的存在，证明了在湿润时节这里的土地是丰饶的。在撒哈拉沙漠的沙子之下的砂岩，从赤道地区或者从高山地区吸收了水分，而有些地下水可能是更新世时期遗留下来的。

撒哈拉沙漠是世界上最热的地方之一。由于海拔高度不同，气温从130℉（约55℃）可以下降到结霜点。夏季的最高平均气温为95~113℉（约35~45℃），而且122℉（约50℃）或者更高温度也很普遍。因为大陆性特点，夏季内陆更热而在近海岸处更凉爽些。冬季里，海岸区域和低海拔沙漠地区平均温度是50~55℉（约10~13℃），而内陆地块可能会低至28℉（约-2℃）。因为山区处于高海拔的原因，也因为北部的砂质沙漠地区处于高纬度的原因，结霜的现象很常见。在高大的阿哈加尔山地区，时有发生降雪。日气温范围会出现极端变化。在这里，记录显示的某日最高气温为100℉（约37.5℃），夜晚降至31℉（约-0.5℃）。

由于沙漠表面的升温不均匀，常常骤然产生强风。几个已知的命名——非洲热风、西洛可风、沙拉利风、西蒙风，经常持续数天，使能见度降到零。一年中可能要刮20~90天，并将相对湿度降到只有5%~15%。风刮起的沙子由于太重而只能被提升到地表5英尺（约1.5米）高处，但更小的灰尘颗粒可以被吹到超过10000英尺（约3000米）的高处。

撒哈拉沙漠并不是向来都如今日般干燥。在人类历史时间范畴内，有证据表明气候是变得越来越干燥的。古代文明留下的一些多雨时期的遗迹和图画表明，八千年前，这个地区曾是一片热带草原。本地的岩画勾勒出了长颈鹿、羚羊和大象等动物以及地貌景象，其后的时间段里，随着气候变干出现的是牛群和地中海植物的景象。四千七百年前，只有在山区才能发现地中海植物，它们被撒哈拉的多刺树种所取代。在四百年前，骆驼才成为这里常见的动物。只有几种老的地中海植物——夹竹桃、邓氏丝柏以及油橄榄树——残留在山区生长，有些是跨越了不适宜它们生长的沙漠，在它们的故乡1000英里（约1600千米）以外的地方生长。通过体形判断，油橄榄树估计有3000~4000年的树龄。随着过去八千年来气候变得更加干旱，内陆湖泊干涸变成广阔的盐碱滩，在本地被称为盐湖盆地。盐碛在有的地方可能会有几米厚，被开采出来，用驼队长途运输到市场里。撒哈拉沙漠北部，在地中海气候区的边缘地区，冬季会有降水，生物群落同欧洲相关。撒哈拉沙漠的南部地区有一些轻微的夏季降水，这同旧世界热带分布有着密切关系。干旱贫瘠的撒哈拉沙漠中部地区，没有鲜明的季节性降水，阻隔了大多数的南北方之间的动植物迁徙。

盐 分

在炎热气候下工作或者锻炼的人们经常会被建议吃些含盐片剂。因为在你出汗的时候，你的身体丢失了盐分。这是个好的建议吗？人的身体确实需要8盎司（约225克）的盐分以完成生化过程，没有足够的盐分，会有肌肉痉挛等反应，除非处于极端状况下。实际上，人们在进食时摄取的盐分已经足够。进食额外的盐分不是个好主意，因为由于出汗丢失水分的原因，你的血液已经变得含有更高盐分了。

撒哈拉沙漠的植物　撒哈拉沙漠大部分地区的多年生植被稀疏。估计只有500种植物，在降水稍多的西部地区密度稍高。干旱的东部地区植被非常稀少。大多数为旱生植物、一年生植物或者盐生植物。砾漠，占据了撒哈拉沙漠的大部分区域，是生命最荒芜的地区。在相当于英格兰领土面积4倍大的塔奈兹鲁夫特只有6口水井。雨后，看起来寸草不生的砾漠有20%的地方被一年生植物简单覆盖。一些刺槐植物、柽柳、巨型乳草属植物、沙拐枣属植物、麻黄属植物以及野枣等植物沿着近山脉附近的干谷生长，汲取着深层的地下水。岩漠的石隙裂缝也许为一些植物提供了通向地下水源的良好途径。

撒哈拉沙漠的砂质沙漠允许水分渗入地下，并且由于缺少毛细管作用，水分可留在深层，因此跟砾漠相比它能够支撑更多的生命。难得的雨水过后，在干涸的湖床和沙丘之间的凹地里，水分开始聚积，大多数生物都在此生长。一年生植物，比如白花菜属植物、多刺苜蓿草属植物、纤毛车前草属植物在种子成熟的10~15天内，一旦降雨便开始萌芽，来完成它们短暂的生命周期。两种最常见（通常意为分布广泛）的植物是单刺蓬属植物和黍属，两种都是骆驼的食物。单刺蓬属植物是一种密实的蓝绿色灌木。尽管在其枝丫上遍布黄色的小刺，它仍是沙漠里骆驼的主要食物。黍属植物是一种粟米状草类植物，尽管它没有营养，但在没有任何其他食物的时候也可勉强充饥。两种植物都可以将根系在沙中延展50英尺（约15米）。

尽管山区仍然是十分荒芜的沙漠地区，但比起砂质沙漠和砾漠来却支撑了更多的生命。由岩石构成的永久性池塘被称为格尔塔，在其低洼处，生存着鱼类、青蛙、蟾蜍、虾、软体动物以及小型甲壳纲动物。水源吸引着动物并支撑着周围分散生长的植物。

半沙漠的边界地区，更多的降水支撑着更多的植被。在摩洛哥、阿尔及利亚北部地区、突尼斯和利比亚地区有长有多年生植物的大草原。灌木大草原里主要生长着羊绒毛花属植物和蒿属植物。盐化的洼地生长着盐生植物物种，比如草本厚岸草以及灌木类藜科冈羊西菜属植物、滨藜以及霸王属植物。在降水达到2~4英寸（约50~100毫米）的水分更多的洼地也可以见到相似的大草原植物群落。

撒哈拉沙漠的西部海岸，大致位于毛里塔尼亚、西撒哈拉以及摩洛哥北部地区北纬8°~17°，同撒哈拉其他地区截然不同。大西洋使这里的夏季和冬季气温变得温和。冬雨带来的高相对湿度和薄雾改善了干旱的状态。植被很密集，茎多汁类似仙人掌的植物和一些大戟科植物在此生长是其特点。其他常见的多汁类植物有伽蓝菜属植物和一种千里光属植物。大多数多汁灌木的种属在这一纬度的更湿润的北部地区很常见。毛里塔尼亚的海岸地区拥有更典型的撒哈拉沙漠物种。

绿洲周围的生命其实也很贫瘠。刺槐、枣椰树、白色霸王属植物、甘蔗、野生甘蔗和血草仅仅在绿洲和沿着外源河岸处生长。

撒哈拉沙漠的动物　尽管缺少植物，但撒哈拉仍有70种哺乳动物物种。这里最初是20种大型哺乳动物的家乡（比如曲角羚羊、猬羚、瞪羚、剑羚），它们组成了小型的迁徙种群，长途跋涉来获取食物。在人类狩猎和逐渐变得干旱的条件的共同作用下，它们只在最边远的区域里生活。大多数濒临绝种，但仍有小队的瞪羚出没。瘦小的体形、纤细的脖颈、长长的腿，使瞪羚可以向外辐射热量来帮助它们躲避高温。大多数动物体型小且不显眼，它们或者同沙子的颜色相近，与之融合交织，或者在白天找寻稀少的阴凉来躲避酷热。很多动物通过掘洞来躲避地表的高温。大多数撒哈拉沙漠的动物都可以通过食物获得足够的水分而从不或者很少饮水。很多动物都通过排泄浓缩过的身体废物来减少水分的丢失，并且能够承受损失体重达到30%~60%而不受到伤害。

因为砾漠几乎寸草不生，所以也没有动物生存于此。大多数动物都生存在沙丘附近。很多昆虫、啮齿类动物、蜥蜴以及蛇类都生存在灌木群落区域内。啮齿类动物常见。仓鼠，以及它们的近亲沙鼠，在灌木丛下的洞穴内生存。它们在洞穴附近觅食，在遇到危险的时候，通过最近的路线退回到洞穴的入口处。肥硕的大沙鼠数量庞大，但只是局

什么原因形成了绿洲？

岩层被褶皱和断裂所中断的地方（大裂隙），水分从岩石里渗漏到地表，为棕榈树和农作物生长创造了条件。在砂岩出现的地方，形成绿洲的常见原因是沙粒之间的空隙可以涵养住水分。如果水分在岩石之间流动得太快的话，就不会保持新鲜而变得更咸。

限在干谷和低盐的水域边缘活动。这一地区的盐生植物含水丰富，但也含有大量的盐分。沙鼠通过将尿液浓度升至海水4倍的方式来将多余的盐分排泄掉。这些小型动物可以承受盐生植物中含有的草酸。跳鼠强健的后腿可以使它们通过快速奔跑跳跃的方式来逃避危险，这个特性使它们比仓鼠和沙鼠拥有更大的觅食领地。跳鼠也生存在洞穴里，它们将洞穴朝向沙漠的通道封闭住，从而阻碍了沙漠热气，保持了洞穴内的相对湿度和较低的温度。埃及刺毛鼠在多岩石区域很常见，但在更荒芜和植被更多的栖息地也能生存下来。它们的背部长着有刺的毛发，可能对捕食者是一种威慑。还有鼹鼠，是一种完全适应了地下生活的动物。此外豪猪也很常见。

常见的食肉动物有豺、耳廓狐、浅色狐、沙狐。大型食肉动物如非洲猎豹和花豹几乎绝迹。耳廓狐（不是狐狸但表面看起来类似狐狸）是唯一在空旷的沙漠腹地生存的食肉动物，并不生存在近水源地或者绿洲内。好像它们不需要自由水分，也不需要饮水就能生存。它们体重低于2.2磅（约1千克），杂食蜥蜴、昆虫、啮齿类动物以及植物。它们的夜行性、喘息现象和浓缩尿液，使它们适应沙漠生存。

90%的留鸟物种之中，只有一种是本地物种，叫金鹰。一些鸟类，比如沙鸡、野鸽，以及喇叭红腹灰雀，因为要经常饮水，所以需要水源。有些鸟类很少饮水，只从食物中获得水分。栗喉蜂虎鸟捕食昆虫，而须石鸡以绿叶为食。其他很少需要饮水的鸟类包括棕颈大乌鸦、夜莺以及猎狗。那些在绿洲和山区岩间水塘停留的鸟类，是从欧洲迁徙到非洲中部和南部之间的鸟类物种。鸵鸟曾经是撒哈拉沙漠的常见物种，但由于与日俱增的干旱和猎杀而绝迹。它庞大的体型既是优点也是缺点。尽管它们可以长途跋涉寻找水源，却无法利用微环境来躲避高温。

高海拔环境，比如2000英尺（约600米）高的塔西里高原，比低处的沙漠更适合动物生存。巴巴利羊偶尔可见，在同样的环境下出现了相

羽毛与饮水

沙鸡需要饮水，所以经常在水源地周围30英里（约50千米）的范围内发现它。在饮水时，雄性的沙鸡蓬松起胸前的羽毛并浸入水中。通过这种方法，它将水带回到幼崽那里，通过吮吸羽毛幼崽便可以喝到水。

当于北美大野兔的南非野兔，山地瞪羚取代了在沙丘附近出没的鹅喉羚，需要每日饮水的鸟类也在此出现，岩蹄兔（也被称为岩狸），大象的远亲，在这一地块的多岩区域生存。

撒哈拉沙漠是大约100种爬行动物的故乡。陆龟、壁虎、变色龙以及巨蜥都很常见。石龙子小蜥蜴在沙丘区域生存，用它们桨状的脚趾将身体推进更凉爽的深部沙层。角蝰蛇，撒哈拉沙漠最具毒性的物种之一，将自己藏于沙中，等待蜥蜴、哺乳动物或者鸟类的出现。另外有毒的蛇类是埃及眼镜蛇，也被称为角蝰，还有钝鼻蝰蛇。

昆虫，比如蚂蚁、甲虫以及蝎子，数量庞大，它们从食物中获得水分。它们的食物包括植物和其他昆虫。它们的皮肤不透水，因为体型小，很容易找到庇护地点。有些沙漠甲虫在沙丘的陡坡处搅动土层将自己覆盖起来，达到自我保护的目的。

尼罗河为其东西两岸动物的迁徙提供了物理屏障。尼罗河东部的沙漠地区同阿拉伯半岛和西南亚洲有着更亲近的关联。

骆驼 骆驼是一种标志性的沙漠动物（见图2.15）。人们通常认为水分被它们储存在驼峰里。其实驼峰是一个能量的来源，而非水分的来源。没有水分支持骆驼的生存时间取决于多种因素——绿色或者干燥的植被、气温、风、阳光、负重以及行走的距离。可以有几个原因使骆驼在人类无法生存的环境下生存下来。

图2.15　在摩洛哥，单峰骆驼在植被稀疏的撒哈拉沙漠上觅食　（作者提供）

不同于人类无论环境如何都必须保持一个恒定的体温，骆驼的身体是可以改变体温的，在血管舒张的过程中，它的身体在白天储存热量，而在更冷些的晚上来释放它们。夏季里，骆驼的身体核心体温有11℉（约6℃）的差异，早上更低，因为扩张的血管将冷的血液（被夜晚冷空气冷却）从体表运送至身体内部。随着冷却的血液逐渐升温，皮肤开始变热。随着日间空气的逐渐升温，骆驼的身体核心温度也逐渐升高这一过程可持续至空气温度最高的午后时间段。在傍晚时分，血液循环将热量从体内带向皮肤表面，在那里热量被传导至凉爽的晚间空气中。对于骆驼而言，要像人类一样保持一个恒定的身体体温，将需要每天有1.3加仑（约5升）的水分用来进行蒸发冷却，这个数量的水分在沙漠环境中是不可获得的。对人类来说，体温的上升意味着身体冷却系统的故障和死亡的可能性。对骆驼而言，体温的上升意味着在对水分利用方面进行调节的一个适应性。另外，体温的升高意味着在白天骆驼和环境之间有着更小的温差，所以可以从空气中吸收更少的热量。

骆驼的确会出汗，但为使其身体保持干燥，汗液很快会被蒸发掉，因此通常都看不见。在身体上蒸发被阻碍的地方可能会见到汗液，比如在鞍座下面。因为没有必要保存水分，一个获得充足水分供应的骆驼会出汗。骆驼的毛发也会帮助它保持凉爽。因为毛发会产生一层绝缘层，汗液是在皮肤上蒸发并使之冷却，而不是在皮肤之外的毛发处。在毛发内的干燥空气阻碍了热量从空气中传到动物体内。在长有短的毛发处（或者是人们身上穿的紧身衣物），因为没有空气作绝缘层，蒸发会产生在远离皮肤的地方，这样就对其他的地方进行了冷却。

骆驼的一些独特的行为方式可帮助它们远离高温。当它们休息的时候，将身体伸展，将更大的体表暴露在阳光下。而一峰已经脱水的骆驼，会将双腿置于身下，面对太阳时会将身体最小的体表面积暴露在光线下。如果条件允许的话，在凉爽的早晨，骆驼会躺下，除非为了迎合太阳一天中的位置变化而要重新进行定位，它们一般不会变换地点。移动到另外一个地点就意味着要从地上吸收热量，这其实是要被避免的。在一天中最热的时光中，你可能会见到骆驼们以一种看

驴　子

驴子是沙漠地区常见的驮畜，对炎热和缺水的耐受性同骆驼相似。驴子在炎热的天气下有能力保持身体凉爽并保持水分，同时它们也能耐受身体水分的丢失。在没有水分供应的4天后，一头驴子可以在两分钟内喝下2.5加仑（约10升）的水，这达到了其体重的20%。它在2个小时内用来补充丢失的水分可达到6.5加仑（约25升）。驴子可能没有骆驼那样高效，实际上，这是因为它们的体型小，毛发更少，没有骆驼那样高效的消化系统的原因。

似很不舒服的方式簇拥到一块儿，但是通过保持这种摩肩接踵的簇拥方式，它们可以将最小的总体表面积暴露在炎热的空气中。

骆驼身体需要水分，也会丢失水分，但这个量总是保持在最低限度。骆驼出汗，但它们却不会大口喘气。像其他很多沙漠动物一样，它们的肾脏也是非常高效的。骆驼的膀胱很小，表明它们的尿液也很少。缺少水分供应的骆驼在夏季里每天可能只会排出18盎司（约510克）的尿液，而对体型小得多的人类来说，这也是最低限度了。它们在粪便中也会丢失很少的水分，新鲜的骆驼粪便非常干燥，充满了植物纤维，可以被用作燃料。

一峰缺少水分供应的骆驼通常也会缺少食物和蛋白质的供应，骆驼可以对自己身体内的尿素进行回收利用。随着蛋白质在消化道内被消化，氮元素（尿素中的）被释放出来，然后被重新回收到其瘤胃中以便再次被利用来合成蛋白质。

骆驼的身体可以耐受脱水并且能够承受达到自身体重40%的水分丢失，对大多数动物来说，这已是达到致死体温的脱水量的两倍数值。当人类脱水的时候，水分从血浆中丢失，干扰了循环系统以及血液将热量带至体表并发散出去的能力。因此，身体过热可能造成死亡。对骆驼来说，水分从血浆中丢失得很少，血量保持正常，正常的循环得以维系。水分确实丢失，却是从细胞内液丢失掉的。当人类脱水时，身体需要数小时的时间吸收水分。骆驼数分钟之内可以喝掉达到体重25%~30%的水分，达到30加仑（约115升）。这个数字相当于180磅（约81.5千克）重的人丢失掉50磅(约23千克）的体重，然后喝掉6加仑（约23升）的水。骆驼是用饮水来弥补丢失的水分的，而不是先前储存下来以备今后之用。一旦它喝够了，就不会再喝。冬天里因为植物为之提供了足够的水分，所以它们不需要饮水。

亚洲的暖沙漠

> **鸣 沙**
>
> 从沙丘陡坡滚落的沙子有时会带有声音。尽管很少出现，但“唱歌”的声音有时会大得影响到说话。

阿拉伯沙漠 阿拉伯沙漠没有被很好地研究过，它覆盖了包括伊拉克一部分以及约旦及阿拉伯半岛大部分地区和北部的西奈半岛（见图2.14）。地貌包括高山、陡坡、砾漠以及砂质沙漠。盆地古生界沉积体系及石油地质特征地形（空域），覆盖了半岛东南部分25万平方英里（约65万平方千米）的面积。这是一个包含了世界上最大沙体的荒无人烟的区域。沙质走廊（阿德–达赫那沙漠）同北部的另外一个沙质区域（艾因–那福得沙漠）相连接。在空域的石英化沙子，因为氧化铁的原因而呈现红色，达800英尺（约250米）深，沙丘有500~820英尺（约150~250米）高。小一些的孤立的沙质区域（瓦希柏沙漠）出现在阿曼海岸。超过9800英尺（约3000米）高的山脉占据着西南地区。在也门南部和沙特阿拉伯的红海地区有陡坡面向阿拉伯海。岩石表面向陆地内空域下的东北方向平缓倾斜。海相沉积而成的平缓海岸平原，在被潮汐海水浸泡的浅洼地区域，也就是阿拉伯半岛的东部，勾勒出了波斯湾的轮廓。从波斯湾地区略进内陆，在自流井和泉水周围生长着水分充足的绿洲。西奈半岛几乎是寸草不生、不适宜居住的砾漠，只有少数几个绿洲点缀其中。北部区域平缓而多沙，而南部地区多山。卡布利纳山（圣凯瑟琳）高达8625英尺（约2629米），仅次于它的是高达7496英尺（约2285米）的西奈山。

气候干燥，每年平均降水少于1.4英寸（约35毫米）。降雨发生在冬季但不稳定。也许一年或者更长时间不下雨。靠近波斯湾地区雨水稍多，大约有3英寸（约75毫米）。而且这里同样是极端炎热。夏季最高平均温度为117℉（约47℃），有时可以达到124℉（约51℃）。冬季最低平均温度为54℉（约12℃），但有些地方有时会降至冰点以下。沿波斯湾地区气候更温和，夏季平均为94℉（约35℃），冬季为73℉（约23℃）。同内陆地区比较，夏季更凉爽，近海湾地区的湿度增加到90%。

这里植被稀疏，仅仅包括了一些散布的灌木和一种间或可见的乔木。因为干谷的土壤水分稍微多些，支撑了更多的植被生长。低矮的刺槐和沙枣树，以及枣属植物、刺山柑和麻黄属植物很常见。空域地区只生长着37个物种，几乎有一半局限生长于沙丘的外围边界地区。典型的植物如沙拐枣属植物的灌木、滨藜以及沙生艾草，还有苔草，尤其沙拐枣属植物和艾草物种在深沙区都是优势植物。仅有的树种，如刺槐和牧豆树（豆科灌木的一种），在外围边界的水道内稀疏地分布着。

星状沙丘

由于沙子的数量和风力的不同而形成了不同类型的沙丘。数量庞大的沙子和不同的风向造就了星状沙丘。它是一个沙山和由中心向周围辐射的很多沙丘。一个星状沙丘的中心尖峰可能会比辐射出去的沙丘的基底部位高出300英尺（约90米）。星状沙丘会固定于原处，这不是由于植被将沙子固定住，而是由于风向的变化造成的。在撒哈拉沙漠和阿拉伯沙漠的很多星状沙丘被用作地标，这是因为尽管单独的沙粒可以移动，但堆积起来的沙子却是固定的。

西奈半岛的南部地区地形崎岖，是多样植物分布的一个区域性中心，而圣卡瑟琳山脉地区有28种地区性物种。石灰岩基岩上生长着茂密的霸王属植物，伴生的还有牧草属物种和裸果木。尽管结有多汁浆果的厚岸草是一种耐盐植物，但它仍然会在非盐性的砾漠处生长。

北伊拉克地区是一个半沙漠地区，野生藻类植物、金雀花属植物和叙利亚漆树属灌木在那里占有优势。更加干旱的地区生长着白叶艾草属植物和球根的莓系属牧草。盐性土壤里有柏油色的海滩滨藜和樟味藜属植物。靠近波斯湾的沿岸平原地区有小型的耐盐植物和丛生草属植物，主要灌木有雏菊科灌木、梭梭属、沙拐枣属，以及红色霸王属植物。黍属植物和针茅属植物同莎草伴生。

靠近波斯湾的绿洲里生长着芦苇和小香蒲群落。一种由单一树种——牧豆树组成的独特群落，生长在瓦希巴沙漠又长又宽的林地区域。

大多数大型动物很少见，或者灭绝了，或者在保护区内生存。由于被猎杀而几乎灭绝的沙地瞪羚、山地瞪羚和白色长角羚现在又成功地被重新引进回来。尽管长角羚不需要饮水，但它们在晨雾最浓重的清早通过进食植物来最大限度地获得水分（见图2.16）。稀有的努比亚羱羊也能在没有自由水分的情况下得以生存，现在也被保护起来。山地瞪羚经常同

图2.16　阿拉伯沙漠的白色长角羚是一种濒危物种（比约恩·乔丹，沙迦阿拉伯濒危野生动物繁育中心提供）

图2.17 啮齿类动物在很多沙漠地区很常见：(a) 埃及仓鼠有着强健的后腿来帮助跳跃；(b) 肥尾跳鼠将脂肪和能量存储在尾巴里；(c) 俾路支斯坦仓鼠在它的洞穴周围觅食；(d) 跳鼠，如利比亚跳鼠，同仓鼠相似但体型大些 (比约恩·乔丹，沙迦阿拉伯濒危野生动物繁育中心提供)

砾原和山麓丘陵上的刺槐有着密切关联，而沙地瞪羚则在更干旱的地区出没。阿拉伯塔尔羊，是一种野山羊的远亲，在阿拉伯沙漠的山区有着非常小的分布。塔尔羊几乎每日都需要饮水的特性，是它们数量锐减的一个原因，因此很容易在水坑附近区域被捕猎到它们，它们成为高度濒危物种。塔尔羊和羱羊都具有胶质状的蹄子，这为它们在陡峭的岩石上行走提供了附着力。

沙漠上生活着多种啮齿类动物，包括三种同北美洲的不需要饮水的小更格卢鼠长相和行为相似的跳鼠物种（见图2.17）。体型小、像老鼠一样的仓鼠和大一些的沙鼠的数量庞大。这三个种属的不同物种占据了不同的栖息地。俾路支斯坦仓鼠占据着盐碱滩，瓦格纳仓鼠在多岩地区生存，而奇斯曼仓鼠在沙地被发现。也门高地的王跳鼠是当地特有的，而阿拉伯跳鼠和森得瓦尔跳鼠生存在沙地洞穴中。肥尾跳鼠将脂肪储存于它的尾巴内，体重达到29磅（约13千克），是阿拉伯沙漠最大的啮齿类动物，它具有夜行习性，白天躲在植被覆盖下的巢穴内。小型蹄兔，或者叫岩狸，占据着岩石露头区域。野兔、埃及刺毛鼠以及埃塞俄比亚刺猬也在此出没。

家　猫

根据DNA的证据显示，地球上的所有家猫都是近东野猫的后裔。大约一万年前，雌性野猫为躲避觅食者而在人类刚刚兴起的农业社会的谷仓中避难。这种情况是对双方都有利的，因为猫的捕食对象是威胁到人类谷物贮藏的老鼠。

捕食者或者腐食动物包括狐狸、豺以及猫科动物。阿拉伯红狐在不同的栖息地都可见其踪影，包括在干旱、多岩以及海岸的环境里。它们甚至还适应了城市地区的生活。阿拉伯狼是濒危物种而且少见。金豺狗只在半岛的北部地区出现，是机会主义的觅食者，它们会吃所有能吃的东西，包括啮齿类动物、鸟类、鸟蛋以及腐尸。花豹巡行在崎岖的山间，但极少见，以瞪羚、塔尔羊和蹄兔为食。体型小的白色狐狸具有夜行性，因没有掘洞的适应能力，它们必须利用天然的岩石裂缝和山洞为自己提供庇护。条纹土狼在广袤的多岩石地区沿着潮滩觅食。沙猫，通常以啮齿类动物为食，长着覆盖着厚厚细黑毛垫的爪子，为它们在松软的沙子上行走提供支撑并保护它们的脚在炽热的地表上不受伤。近东野猫，有限地分布在沙漠的北部地区，在阿拉伯半岛的其他地区被约旦野猫所替代。狞猫现在只在山地地区生存。

阿拉伯沙漠的鸟类同撒哈拉沙漠发现的鸟类相似。波斑鸨、沙鸡、鹌鹑、野鸽子，以及栗喉蜂虎鸟会偶尔得见。除了在水源充足的绿洲地区为湿地野生动物（比如青蛙和里海池龟）提供了栖息地之外，靠近波斯湾的沿海平原地区没有地区特有的动物种群。绿洲和盐性沼泽湿地吸引了250种候鸟，而潮滩是涉禽类和其他水生鸟类的重要繁育场。

沙漠巨蜥体长达到3.3英尺（约1米），是阿拉伯沙漠最大的蜥蜴之一。它们是完全的食肉动物，主要以昆虫、啮齿类动物和其他爬行动物甚至蛇类为食。除了在正午时分巨蜥会在洞穴中躲避炎热之外，它们十分活跃，会在日间猎食。它们分布广泛而且也很常见，可以依靠尾巴的击打或者牙齿的撕咬觅食。刺尾蜥蜴，也被称为达伯刺尾鬣蜥，在荒芜的砾原上生存，挖掘深达7.2英尺（约2.2米）的螺旋形的洞穴。它们是完全的素食者，低新陈代谢率使它们在低卡路里的食物结构中得以生存下来。它们从来都不需要饮水，但会利用露水。这里的爬行动物还包括3种飞龙科蜥蜴种属，6个科目中的九个壁虎种属，3个变色龙种属，以及1种趾缘蜥。沙地蛇类常见几种毒蛇，比如眼镜蛇、锯鳞蝰以及唑蝰蛇，都以啮齿类动物为食。

伊朗沙漠 位于伊朗中部大面积高原地区的中心部位，还包括阿富汗和巴基斯坦的部分地区，总面积大约22.43万平方英里（约58.09万平方千米）（见图2.14）。这是一个鲜为人知的沙漠。它被山脉所包围，域内包括了平原、咸水河流、冲积扇、石灰岩露头、盐漠、盐沼以及广袤的沙丘。海拔2000～5000英尺（约600～1500米）。厚厚的冲积扇填充物在高原的内流盆地内堆积起来。山脚下的冲积扇含盐量最低，有着最粗糙的土质。沙漠砾石表层在这里很常见。高原的低地部分是盐碱化的，或者为干燥的盐碱滩，或者为广袤的盐沼。卡维尔沙漠是一个盐碱化的沙漠，一直延展至东南方向的里海，而卢特沙漠是伊朗东部地区的一个炎热的沙化及砾石组成的沙漠。

这一地区是大陆性气候，高原地区拥有着最极端的气温。夏季最高温度达108℉（约42℃），而冬季最低温降至–4℉（约–17℃）。年降雨量少于8英寸（约200毫米），而大多数地区的降水少于4英寸（约100毫米）。来自冬季气旋风暴的降水有差异性，东部和中部的高原地区是最干旱的地方。炎热的夏季气温同少雨有关，这也加剧了旱情。

尽管沙漠的西部地区是地中海式气候，但关于那里植被的信息我们却知之甚少。高原的中部是这一地区气候的代表。更高些以及更冷些的地区被由白叶艾草植物和黄蓍树组成的低矮灌木林地所占据，也许在更北部地区还有向寒冷的中纬度沙漠的过渡区域。区域性灌木和多年生植物包括黄芪属植物和天芥菜属植物。在夏季炎热的南部，植物数量稀少。在阿富汗地区，半沙漠种群的优势植物有沙拐枣属植物、梭梭属灌木植物和其他的藜科植物，以及三芒草属植物。降水量超过4英寸（约100毫米）的区域有霸王属灌木植物。沙地区域有麻黄属、沙拐枣属、天芥菜属以及其他植物。沙生植物（适应沙土环境的植物）在沙质沙漠中占据了3%~5%的物种数量。很多盐生雪松物种生存于此，尤其是在卢特沙漠的沙化及砾石化边界地带。

在卡尔维沙漠的盐田边界一些排水不良的地区，盐生植物生长茂盛。特色性植物包括藜科灌木，例如盐节木属植物，以及新疆藜属植物物种、梭梭属植物和羊西菜属植物。盐性土壤上有大量的地区性植物生长，而在盐碱滩的中心地带却很少有植被覆盖。

尽管大多数大型物种濒临险境，但在这个恶劣的沙漠环境下，得以生存的数量却很惊人。斑纹鬣狗、狩猫、野绵羊、山地瞪羚、鹅喉羚、野兔、花豹、狼、金豺狗、红狐，以及两种猫科物种数量稀少，仅仅在保护区内才能见其踪影。沙狐生活在最干旱并且最炎热的沙漠地区，同北美的墨西哥狐以及撒哈拉沙漠的耳廓狐有着相似的习性。因为它们体形纤小，所以此处啮齿类动物如腮鼠和跳鼠数量就变得庞大。腮鼠是短尾如家鼠一样的动物，具夜行性，白天在凉爽安全的洞穴中度过。它们将食物存于颊部囊袋中运回洞穴，携带食物的能力比仓鼠和跳鼠都要强。

这个地区有150多种鸟类物种，包括波斑鸨和冕冠沙鸡。四趾龟或者草原龟在半沙漠化草原的艾草里生存。两个种属的壁虎为两大高原之间盆地的区域性物种。毒蛇包括蝰蛇和眼镜蛇。这两种蛇在沙地地区常见，但在多岩和滨水区域也有眼镜蛇出没。锯鳞蝰在日间活动，如角响尾蛇般在沙地上游走。

塔尔沙漠（大印度沙漠） 它位于北非和亚洲西南部的干燥季风带东侧边缘，从西部的印度河谷一直延伸到印度西部及邻近巴基斯坦的阿拉瓦利山岭，覆盖了面积达17万平方英里（约44万平方千米）的区域（见图2.14）。两个主要分区组合成了这个荒无人烟的地区。有流动沙丘的马鲁斯塔利地区（或翻译为“死亡之地”）最为干旱。北部地区被称为杰伊瑟尔梅尔沙漠；南部地区是马拉尼沙漠。更东部地区以及阿拉瓦利山岭的底部区域的巴加尔为丘陵地区，干旱和沙化状况都有所缓解。沿着外源河流、干盐湖、三角洲地区的盐碱化沼泽地而分布的砾原、沙丘、砂原、岩石高原、漫滩等地貌都出现在两个分区内，但面积都不大。

尽管年平均降水为12英寸（约300毫米），但不同的地区有时也会达到4～20英寸（约100～500毫米），临近阿拉瓦利山岭处多些，而马鲁斯塔利地区少些。夏末的西南季风带来了大约一年中总降水量的90%，大多降水都以强风暴的形式来临，而同时以径流的方式流失。气温可能会出现极端状况。在季风来临之前温度最高，5月和6月份的平均最高温度超过了112℉（约45℃）。极端高温超过了122℉（约50℃）。但冬季气温仍然可以接近冰点，1月份有可能会有霜冻。每日的气温变化也很高，白天和晚间的温差可以达到27～31℉（约15～18℃）。

随着距离撒哈拉沙漠越来越远，同亚洲的关系更密切，生物群落同非洲和沙特阿拉伯比起来越来越不同，加入了更多的印度元素。这里植被稀疏，或者生长着旱生草类植物，或者生长着由低矮乔木或者灌木组成的沙漠旱生灌木丛，依干旱季节的长短不同而有差异。这里只有7个月的旱季，所以灌木或者是亚灌木都能够得以生长，但在干旱季节有9~10个月的地方，只有亚灌木才得以存活。干旱季节持续11~12个月的地区只能生长一些稀疏的一年生物种。

随着土壤或者岩石存水能力的不同，植被也有所差异，而不同的环境也支撑着不同的植物组合。岩石的连接处、缝隙处或者是风化的地方会有水分滤过。在没有缝隙的岩石部分，由于没有水分可以渗入，径流流失严重使这些岩化山坡荒芜贫瘠。花岗岩的山脚下以及山坡的底部，冲积扇的高处有多荆棘的刺槐树木和刺山柑灌木，伴生的还有生长在岩石裂缝处像仙人掌一样的大戟科植物。混砂岩石的裂隙处生长着肉珊瑚属植物物种（一种多汁的乳草类植物）和薄叶西方雪果灌木。在流纹岩丘陵地带，阿拉伯胶树、阔叶榆绿木、刺茉莉科植物同刺山柑、南蛇藤属植物伴生。因为岩石充满气孔，多岩的砂岩高地很干旱。这里稀疏地生长着同流纹岩地区很多常见物种一样的植物，但也有大戟科植物和含羞草属灌木。三芒草属植物和还魂草属植物生长在沙质山脚下的低矮山坡处，雨水或者径流可以从这里渗入土层。

流动沙丘土壤中可能会含有更多的水分，但它的流动性却阻止了植物扎根。沙丘的植被物种包括沙拐枣属植物和野百合属灌木，以及一簇簇的糜稷属草本植物，还有白花苋属草本植物。稳定的沙丘中生长着阿拉伯胶树和牧豆树。覆盖干盐湖的植物种类取决于土壤的含盐量。中心地带通常是寸草不生的盐壳，围绕其周围生长的是对盐分耐受力不同的植物环。河岸的冲积扇平原有低矮的牧豆树植被生长，它们同刺山柑和野枣树灌木还有稀疏的假阿拉伯胶树伴生。在靠近河道的地方，刺槐、盐生雪松、刺茉莉科植物密密麻麻地簇拥生长。

本地没有特有的哺乳动物、鸟类或者爬行动物物种。小型动物包括印度野兔，啮齿类动物如五纹棕榈松鼠、印度仓鼠以及印度跳鼠，它们的活动范围都很小。家鼠和地鼠常见。可以长途跋涉觅食和饮水的大型

图2.18 印度羚是在塔尔沙漠发现的一种大型有蹄类动物 （谢莉·谢伊提供）

哺乳动物有山地瞪羚、中亚野驴，以及两种羚羊（印度羚和蓝牛羚）。印度羚奔跑迅速，有能力躲避任何捕食者（见图2.18）。蓝牛羚是亚洲最大的羚羊，成熟雄性的肤色偏蓝色调，经常被称为蓝牛。这两种羚羊主要以草类为食，经常出现在广阔平坦的平原上。同沙漠中更加稳定的部分区域相比，大型动物好像在印度河谷地带出现的机会更多。常见的鸟类有玫瑰八哥、玫瑰长尾小鹦鹉、画眉、印度大鸨和黑喉红臀鹎。这个地区处于鹤和火烈鸟的迁徙路线上。食肉动物包括斑纹鬣狗、狞猫、狼、孟加拉狐以及沙猫。爬行动物种群同亚洲其他沙漠地区的相似，但种属特点同印度次大陆关联更密切。

大洋洲的暖沙漠

大洋洲的五个沙漠占据了大洋洲大陆的20%的面积，大约有58万平方英里（约150万平方千米）（见图2.19）。如果包括沙漠周围半干旱地区的话，会将总数增加到大陆面积的50%。虽然它们往往被命名为五个沙

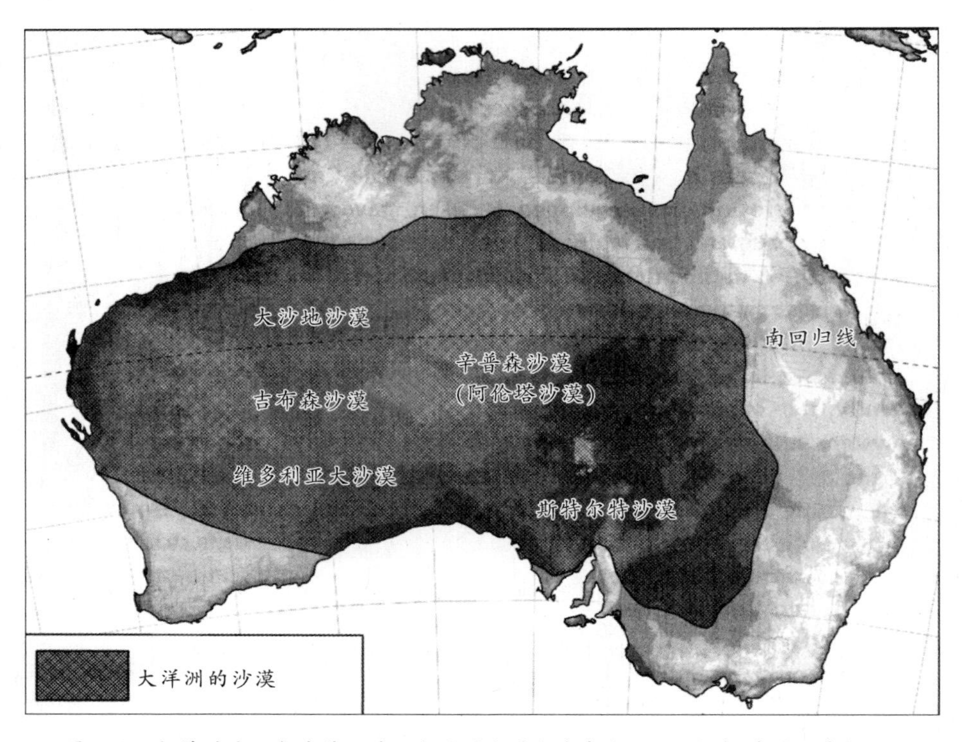

图2.19　大洋洲的五个沙漠涵盖了大陆的主要组成部分　(伯纳德·库恩尼克提供)

漠，但它们的边界却是模糊的并且合并成一个单一的干旱地区。三个最大的沙漠，大沙地沙漠、维多利亚大沙漠、辛普森沙漠（阿伦塔沙漠），都被超过100英里（约160千米）长的纵向沙丘所覆盖。西部的吉布森沙漠和东南方向的斯特尔特沙漠为石漠。

像所有的暖沙漠处在副热带高压气团控制之下一样，大洋洲沙漠朝向赤道方向的边缘地区从季风那里受到夏季雷暴的影响，而朝向南极方向的边缘地区从中纬度的气旋风暴那里受到冬季降水的影响。南部地区也许偶尔也会从气旋风暴那里得到夏季降水。中部一个宽大的过渡地带从两个风暴系统中都没有得到更多的好处，因此更加干旱。大多数的大洋洲沙漠地区都不仅仅受到副热带高压气团的影响，同时也处于雨影区内。在大洋洲东部地区的大分水岭阻碍了东南信风，将水气留在了东部海岸。大洋洲沙漠同世界上其他地区比较起来相对湿润，平均降水10~15英寸（约250~380毫米），在亚热带北部地区有着更高数值。因为降水是阵发性的又不稳定，沙漠降水的平均数值，实际上经常起误导作用。尽管晨露可能偶尔会随降水而至，但气温却很少降到足够低。雾和露水很少见。

大洋洲的所有沙漠都夏季炎热。气温遵循着大陆模式，在内陆区域差异性更大。更远的南部地区因为纬度的原因更加寒冷。夏季日平均气温（1月份）是80~90℉（约27~32℃），但一天中的最高气温可以高达120℉（约49℃）。一年有100~145天气温会超过100℉（约38℃）。冬季的平均气温（7月份）是50~65℉（约10~18℃）。每年中有几天的时间夜间气温会降至冰点以下，但平均无霜期通常超过270天。

在大洋洲沙漠里出现了6种不同类型的地质景观。西北部地区的丘陵和相关的达到5000英尺（约1500米）高度的高原，区域内海拔变化只有1000~2600英尺（约300~800米）。这部分地区位于北部边缘地区和大陆的中心区域，以及南部沙漠的边缘地带，与任何的沙漠分区都没有关联。由于山脉不够高大，不会产生降雪，但可能会在中间地带增加地形性降水。穿过山脉的水流切割性峡谷形成了带有水塘的区域性绿洲，这为湿润气候期遗留下来的生物提供了支撑（棕榈树、鱼类

沙 丘

单独一个沙丘连绵50~100英里(约80~160千米)，高达33~100英尺（约10~30米）。它们相互间隔几百英尺或者几百米。一英里内有大约6~8个沙丘（1千米内约有4~5个沙丘）。由于石英沙粒外边有一个铁的外层，故沙子呈现红色。在一个大范围内，沙丘展现出一个巨大的逆时针旋涡形状。沙丘的走向跟位于大陆上的副热带高压气团盛行风的方向一致。

以及水栖昆虫)，这同撒哈拉沙漠的山间水塘相似。高地通常被冲积扇冰川沉积平原所围绕。在西大洋洲西南地区的维多利亚大沙漠发现了暴露的大陆架。大陆架的水平表面是一个古老的、被侵蚀的富铁层。出现了一些冲击层、干盐湖和间断的水道。

岩漠，主要位于南大洋洲斯特尔特沙漠北半部分朝向东部地区的大分水岭山脚下，在这个台地区域里，风蚀产生了一个沙漠砾石层，在当地被称为三棱石平原。斯特尔特沙漠的临时性（通常都是干涸的）排水系统汇集起来流向内陆区域而不是海洋。水道都流向如艾尔湖或者托伦兹湖这样的大盐湖。正像北美的大盐湖或者很多其他的干盐湖一样，艾尔湖盆地曾经在更新世纪的湿润时期被一个大面积水域——戴尔利湖占据过。现时期，雨水很少能够打湿地表，但在极端降雨的情况下，这种排水运作方式还会出现，艾尔湖每100年内有两次会聚积一些水分。在大分水岭山脚下的一个弧形区域发现了河岸和黏土平原。这些或者是从石灰岩衍生而来的黏土，或者是冲击沉积层的细腻土壤。岩质平原和黏土平原都是由部分大自流盆地的沉积物质堆积而成。由于在大沙地沙漠、吉布森沙漠、维多利亚大沙漠和辛普森沙漠这些沙质沙漠中没有河流，也几乎没有水，这些地方都荒无人烟。

虽然五个沙漠各有其名，动植物群落却不受地名限制，而与不同种类的地貌、土壤或者岩石有着更密切的关联。因此，我们对五大沙漠的动植物群落进行总体讨论。

植物 不同于其他干旱的地区，大洋洲沙漠没有多汁性植物，也少有多刺植物。也许是由于缺少食草动物的缘故，这里缺少多刺植物。大洋洲的大多数食草动物为食草类而非食叶类食草动物。唯一的主要叶食植物，尤其是对毛袋鼠（袋鼠的一种）来说，是滨刺草，有着进化了的带刺叶片。实际上，植物群落中的物种仍必须同炎热和干旱搏斗。蒺藜是一种生活在气候极端的吉布森沙漠、有着软质树皮的灌木。为了在地表温度升至158℉（约70℃）的时候来保护自己，桉树和刺棘树会将树叶和树皮褪下形成一个绝缘覆盖层堆积在树的底部。很多植物，比如羔羊尾藤灌木、草本唇形科植物和毡状吊钟花，都有着一个毛茸茸的表皮，这样可以使其对极端的炎热和干燥的风有所防范。多毛、白色粉状外衣，以及蜡质或者含树脂的体表，可以在呼吸过程中阻止水分的流失。像刺棘树一样，有些植物没有真正的叶片，仅仅拥有带有几个气孔的扁平茎干。植物广泛分布，很多都有深根可以汲取地下水分。滨刺草的根系可以深达33英尺（约10米）。赤桉树和沙漠橡树（同麻栎属植物无关）可以为寻找地下水源提供线索。

散布的乔木、灌木和多年生草地组成了四个基本的植被种类——刺槐灌木林、干旱草皮草地、干旱草丛草地以及藜科灌丛带。刺槐灌木林和草皮草地最常见，在含盐土壤中有滨藜和其他的藜科植物伴生。最具代表性科目物种为向日葵科、苏木科、豆科、荆树（刺槐）、昆诺阿藜（藜科植物）和草类植物。

刺槐灌木林中长有稀疏林冠的刺槐灌木，高达10~20英尺（约3~6米），使这里显得像热带稀树大草原而非沙漠。11种刺槐物种中的1个物种占有优势地位，在澳大利亚沙漠中的岩质或者石质基岩地区，这种灌木林覆盖了广袤的区域。刺槐物种很少，实际上只局限在大洋洲的沙漠上生长。下层植被根据不同土壤可以是不同的草类、草本植物和由它们组合而成的几种植物群落中的一种。地面草地层包括了竹节草、三芒草、风车草以及马唐草，还有些其他种类。多年生和一年生草本植物包括毛拉花、锦葵属植物、大洋洲雏菊以及千年菊属植物。

干旱草皮草地是大洋洲沙漠上最大规模的植物群落，尤其是在沙丘区域。两个种属的滨刺草占有优势地位，这个区域在当地被称为滨刺草地，这里偶见一些乔木和灌木，有可能是番泻树或者是角百灵属树木。根据不同的地理位置和降水形态，三齿稃属的不同物种各有突出。滨刺草地还长有一些小片的其他草类植物，比如三芒草、九顶草属植物以及竹节草。草皮草地可以有5英尺（约1.5米）高，直径20英尺（约6米）。草皮草地之间的土地是荒芜的，在雨后才有一些一年生植物生长。

米歇尔草属草丛草地主要是位于河岸和黏土平原干旱地区的东部和东北部边缘地带。草丛草地尺寸不同: 0.3~5英尺（约0.1~1.5米）直径，相隔1.5~6.5英尺（约0.5~2米）。更高的降水量可以支撑更高密度的草类分布格局。在中心和北部地区只有一个物种占有优势，而另外一个物种局限于南部地区。但在这个植物群落中，也生长着很多其他的草类。

藜科灌木草地，位于沙漠南部边缘地带（维多利亚大沙漠东南部）以及艾尔湖盆地（斯特尔特沙漠）的低海拔地区，藜科家族的盐生植物占有优势地位——滨藜、绒藜属植物、蒺藜属植物。代表性灌木的直径和高度都可以长到1~3英尺（约0.3~1米）。一般在不常见的降雨过后，这里荒芜的土地会被一年生植物所覆盖。

动物 大洋洲目前的动物种群，起源于在过去的地质年代中从冈瓦那大陆（联合大陆）分离开来时的大陆动物区系，以及来自亚洲东南部的后期迁入者。冈瓦那大陆的动物包括青蛙和有袋类动物，而亚洲的动物包括爬行动物、啮齿类动物和蝙蝠。每一个植被群都有自己的动物群落。

大洋洲的动物，无论是胎盘类哺乳动物还是有袋类哺乳动物，都同其他地区的沙漠动物一样，遭遇到炎热、干旱和盐碱化的问题，同时它们也进化出了应对这些状况的相似的适应能力。大多数小型动物都不能耐受高温，而要通过夜行性活动和白昼的穴居来躲避炎热。大多数动物都不需要自由水分，而是从食物中得到了足够的代谢水，并排泄出浓缩的尿液和粪便。卫士弹鼠是一种典型的小型沙漠啮齿类动物，具夜行性，它们在3.3英尺（约1米）深、具备凉爽和稍微湿润条件的洞穴中度过白天。卫士弹鼠用湿润的沙土将入口塞住。它们通过只食用干燥的滨刺草和草籽的方式来维持正常的65%的身体水分含有量。它们的粪便干燥，尿液浓缩，并且没有汗腺。黄褐色弹鼠需要偶尔饮水，但它们可以喝含盐量是海洋两倍的咸水，并且它们可以通过食用盐生植物而存活下来。球尾袋小鼠，一种小型的鬃尾袋鼬，在最干旱的沙漠中心地区生活。同美国西南部的食蝗鼠相似，是食肉动物，捕食昆虫、小型爬行动物，甚至小型啮齿类动物。食物中的水分足够保证它的生存，它们还通过浓缩尿液而降低尿量的方式来减少水分的丢失。视力低下的袋鼹生活在沙丘或者河床区域松散的沙质土壤中，很少来到地面。在外表和习性两方面，它们都跟干旱的非洲西南部金鼹很相像。肥尾狭足袋鼩，一种长相像老鼠的有袋类哺乳动物，会将脂肪存于尾部。尽管引进的野兔在沙漠上能够很好地生存下来，但它们需要绿色植物，而不能仅仅依靠干燥食物为食。它们其实可以承受损失掉占体重50%的水分，这样就可以使它们在干旱的环境中存活下来，直到降雨后新鲜的植物重新生长起来。

大多数的有袋类动物会采用与哺乳动物同样的喘息和出汗的蒸发冷却机制。袋鼠会通过张开嘴的方式来控制体温，不是大口喘气但有些相似。赤袋鼠比大袋鼠（又被称为丘陵袋鼠）需要更多的水分来控制体温。它们会在树或者灌木下找寻阴凉来躲避高温，它们尽量把最小的体表面积暴露在热空气里。大袋鼠在山洞和岩壁里躲避高温，厚厚的毛发也有绝缘效应。

三分之一的大洋洲沙漠哺乳动物是小袋鼠，小型的有袋类食虫，也有以种子和食草的啮齿类动物为食。同其他的暖沙漠相比，大洋洲的以种子为食的小型哺乳动物数量很少。种食动物这个生态位在大洋洲可能已经被鸟类和蚂蚁所取代。

引进的狐狸和猫科动物已经在相当程度上降低了本地小型动物种群的数量。有些已经灭绝或者只能在博物馆陈列柜里才可以见到。唯一的

狗篱笆

从19世纪80年代开始，澳大利亚人开始修篱笆墙，横跨大陆，有3300英里（约5300千米）长。目的是为了将大洋洲野狗拦在澳大利亚东南部肥沃的牧场之外。也许是由于缺少大洋洲野狗的猎食，篱笆墙南部地区的袋鼠数量剧增，并同牧羊开始争夺草场。狗篱笆墙北部发现的猎食动物有大洋洲野狗、眼斑巨蜥和沙地巨蜥。

食肉哺乳动物大洋洲野狗，在数千年前被大洋洲土著引进过来，现在已经被认为是本地物种了。最近时期大洋洲本地小型哺乳动物的灭绝，可能同大洋洲野狗的数量有关，因为这种野狗在降低以本地物种为食的外来捕食者的数量上起到非常重要的作用。哪里的大洋洲野狗数量少，哪里就缺乏帮助本地动物对抗外来捕食者的保护。几种蝙蝠在这里时有出没，但没有一种是只局限于沙漠地区的；同植被类型比较起来，它们的分布状况更依赖水分的供给。

大洋洲沙漠最大的哺乳动物群为有袋类动物，它们在体型、食物构成和习性上有着惊人的差异性。草丛草地上体型微小的食虫有袋类老鼠体重不足0.35盎司（约10克），而大型的雄性赤袋鼠体重可达185磅（约84 千克）。在人类建立定居点和有水源供应之后，赤袋鼠和大袋鼠的数量有所增加。成群的赤袋鼠在刺槐林地生存，在那里它们可以找到阴凉和草本食物，通常在草地区域看不见它们的踪影，但放牧损害了灌木而助长了竹节草的生长，这也吸引了赤袋鼠。大袋鼠通常在岩化丘陵地区过着独居生活，以营养价值低的滨刺草为食。大袋鼠是最适应沙漠环境的物种，食用低质食物，90天内可以不饮用自由水分。就算在最热气候条件下，它们也只是每14天才喝一次水。在草皮草地上生活着兔袋鼠，但岩袋鼠更喜欢在岩性丘陵地区活动。针鼹，一种单孔目哺乳动物，广泛分布在所有的大洋洲栖息地上，是沙漠地区的重要动物，它们以那里数量庞大的蚂蚁和白蚁为食（见图2.20a）。

鸟类可以长途飞行来寻找水源，而且它们身体的正常体温为104℉（约40℃），比大多数的哺乳动物体温高，这使它们在对抗沙漠炎热方面更有优势。但如果陷入高温和干旱的困境，它们仍旧还会死亡。尽管这个地区有超过200个鸟类物种，但大多数是候鸟或者是大量降水之后飞来的水鸟。大多数鸟类为燕雀鸟类，鹦鹉和鸽子也很常见。颜色鲜艳的物种最引人注目，而且在水分充足的年份，会见到数千只鸟组成的鸟群。这些鸟类中包括斑胸草雀、粉红凤头鹦鹉、小凤头鹦鹉和虎皮鹦鹉，都是宠物交易行业中常见的种类。大多数沙漠鸟类需要水源，尽管通常来说，它们没有对含盐水分的适应能力，但仍然有一些例外情况出现。斑

图2.20　澳大利亚沙漠生活着独特的动物。(a) 针鼹，单孔目哺乳动物，以昆虫为食；(b) 鬣蜥——有中心网状团案的大蜥蜴，是常见物种；(c) 棘蜥有着自己获取水分的独特方式　(作者提供)

胸草雀是大洋洲沙漠中心干旱地带的本地物种，可以饮用比海水稍咸的水分。

只有40种鸟类是沙漠居民，尤其是栗鹑鸫，一种生活在多岩的灌木林地和丘陵地区的走禽。大山雀是干旱地区小型鸟类中最常见的。草鹪莺属鸟类更喜欢在地上奔走，躲在丛生的滨刺草丛中，是其中体型最小的鸟类之一。它是一种食虫鸟类，并不需要饮水。在靠近山脉和峡谷的滨刺草丛中也有梅花雀属鸟类生存。大洋洲小嘴鸻生存在三棱石平原和黏土湖上，具夜行性，它们也不需要自由水分，从昆虫和植物之中可获得足够的水分供应。金鹰占据着沙漠盆地边缘的滨藜生长区。大鸨曾经是大洋洲大部分地区的常见动物，如今只有在内陆边远的地区才能见到它们的身影。

在干旱的年份里，有些大洋洲鸟类不筑巢也不繁殖。雄鸟和雌鸟的生殖器官都萎缩了，雌雄双方甚至都不尝试交配，不修建鸟巢。如果降雨，鸟类则会在一个星期内开始繁殖过程，它们经常会成群迁徙到多雨区来开始这个进程。

大洋洲沙漠比其他任何沙漠的爬行动物都多，在三个科目（盲蛇科、蟒蛇科和眼镜蛇科）里有40个蛇类物种。小型蛇类物种以昆虫和小型蜥蜴为食 。盲蛇在地下生存，捕食蚂蚁和白蚁。大型蟒蛇（蟒蛇科）和眼镜蛇科中的一些成员都是食肉动物。有些有剧毒的蛇类，比如拟蝮蛇属、太攀蛇属、死亡蝰蛇等所有大型的眼镜蛇，都生存在沙漠地区。

这里的蜥蜴种群是世界上所有的沙漠中最庞大的，在五个科目（壁虎科、鳞脚蜥科、鬣蜥科、巨蜥科和石龙子科）里有超过190个物种。很多物种都广泛分布，有些则是生存在一些有限的栖息地内。尤其是在滨刺草地区域，它们的物种多样而且数量庞大。壁虎和小蜥蜴很常见。不同于其他的沙漠地区里的蜥蜴在白天活动，这里的蜥蜴几乎有一半是夜行性的，它们通过躲在潮湿的洞穴里来避开白天的炎热高温。常见并且也很显眼的科摩多巨蜥的一些物种是昼行性的。在空气凉爽的时候，它们调整身体使之最大面积的体表冲向太阳，而在炎热的时候将最小的体表面积冲向太阳，通过这种方法调节身体的体温。它们可以通过将身体和尾巴抬离炽热的地面的方式来将接触面积降至最低，还可以通过爬到灌木上或者在洞穴中来躲避一天中最炎热的时光。有些物种可以根据气温来改变身体颜色，身体颜色变深便可以吸收更多的辐射，而变浅则可以将辐射反射出去。棘蜥可以用它们皮肤上的褶皱来吸取露水或者地面上的水分。毛细管作用可以使之通过微小的折痕将水分传送到它们的嘴里。同以昆虫为食的大多数蜥蜴相反，两种大型的巨蜥——眼斑巨蜥和沙地巨蜥是经常以腐尸为食的食肉动物。眼斑巨蜥是大洋洲最大的蜥蜴，可以长到8英尺（约2.5 米）长。它们主要的栖息地是岩石露头处，在那里它们可以捕食昆虫、鸟类和小型哺乳动物。沙地巨蜥能够利用它们强壮的腿来将埋在沙中的蜥蜴和爬行动物的卵掘出以充饥。

两栖动物通常并没有在生理上适应沙漠环境。然而，有些物种发展出了行为适应性而得以存活下来。大洋洲夜宴蛙和其他物种栖息在永久性的水域，比如河床处的泉水或者池塘里。如果水域干涸了，它们就在岩石下或植物根系部分的湿润地方避难。适应了沙漠环境，青蛙可以向土中掘洞，并在生命中的大部分时间里都进行夏蛰，用以躲避炎热干燥的环境。有些可以吸收水分，而有些则用它们的老皮作为保护性的外罩。持水蛙可以将水注入它们的大号膀胱内，这个膀胱是它们身体剩余部分的一半大左右，在它们夏蛰之前，膀胱内会充满稀释的尿液。它们在湿润的泥土中掘洞，这个泥土层会延伸至一个渐渐干燥的坚硬的防水外壳，在这个结构里，青蛙可以存活将近三年。其他物种，比如大洋洲缠足蟾，可以耐受极端的脱水状况，它们可以失去超过40%的体重，而雨后却可以迅速将水分补充回来。当有足够的降水的时候，夏蛰的青蛙在池塘的水分再次干涸之前的2～6周时间内，忍受着高达102℉（约

39℃）的水温，很快完成了它们的生命周期。

同美洲的仙女虾一样，大洋洲沙漠的非脊椎动物在等待着适合的环境来临，然后便在临时性的水塘内迅速地完成它们的整个生命周期。最常见的例子就是3英寸（约75毫米）长的蝌蚪虾。旱季里，它们的后代在有坚硬外壳的卵内得以存活。成年虾成群地死亡后，当临时性的水域蒸发干涸后，它们就成为苍鹭、白鹭和其他水鸟的丰盛美食。

昆虫的数量庞大——蚂蚁、白蚁、蝗虫、甲虫和蛾子。不能长途跋涉的昆虫很好地适应了干旱的环境。而那些能飞的昆虫，比如蝗虫在可能的情况下会迁移到更适合的环境里。大多数节肢动物都有外骨骼来防止丢失水分。蠹虫、白蚁和蚂蚁是昆虫中很好的例证，它们都有厚厚的角皮或者行为上的特性，用以限制水分的损失。尽管蠹虫有着防水的外皮，它们仍然只会在湿度更高的凉爽夜晚出外觅食。白蚁和蚂蚁大多数时间都是待在它们精心密封的巢穴系统内。数以百计的蚂蚁物种在这里生存，这比任何一个沙漠都多。这里的物种包括一种蜜蚁，它们内部有一个负责供给的阶层，会将蚁群的所有花蜜都存放在它们的肚子里。活板门蛛的几个物种会用蛛丝把泥土混合成一个环状有铰链合页的盘状物，并将其封在垂直的洞口。这个活板门状物完全与地面贴合齐平，几乎难以被发现。一旦蜘蛛感受到昆虫在附近路过时引起的震动，它们便迅速现身捕捉猎物。

大洋洲沙漠的分区　辛普森（阿伦塔）和斯特尔特沙漠，面积22.5万平方英里（约58.3万平方千米），占据了澳大利亚1/6的地域，它们一起组成了世界上最大的内流盆地之一。这个地区基本是平坦的，从海平面以下一直到海拔1000英尺（约300米），偶见低山和岩石台地。东北部以广袤的涝原和辫状河道为主，在当地被称为沟渠之地。河流源于临近区域，却流向内陆地区，汇入沼泽或者像艾尔湖这样的湖泊。每2~3年，涝原地区便有一次洪水泛滥，却很少见到有足够的水汇入内陆湖盆地。

当洪水到来时，通常干涸和荒芜的湖泊可以有大量的鸟类生存，甚至在大些的湖泊里还有鱼类，尤其是库吉湖物种异常丰富。根据气候不同，动物的数量也有所不同，湿润季节数量增加而干旱季节有所下降。多石的平滩和沙漠砾石层，勾勒出了涝原的外围轮廓。在南部和西部地区，在沙丘的中间区域，小沙丘和黏土层以及盐湖交替出现。

不同的地貌和基岩上，植被也有所不同。涝原和三棱石平原有一年生的草类和草本植物生长，另外还有藜科植物。长有低矮树木的林地，展现出了水道的轮廓。番泻树和低矮的刺槐稀疏地覆盖着低山区域的山坡地带。由于处于沙丘不同的部位，植被也很复杂——沙丘脊顶、斜坡、丘间洼地、移动沙丘或者是固定沙丘——但在所有的地区，滨刺草都是优势植物。黏土层和盐湖在干涸的时候都是很荒芜的，但在少见的洪水期间，一年生草本植物是会萌芽的。湖的边缘区域会有滨藜植物生长。因为辛普森沙漠有着很少量的人口分布，除却了本地牲畜放牧和外来引进的野兔、猪和羊对这个地区所造成的压力，本地植被还算是处于相对原始的状态。因为水分供应充足，辛普森沙漠的物种种类很丰富。沿着河道的涝原为多种鸟类、蝙蝠和青蛙种群提供了栖息之地。在滨刺草地上的爬行动物也是多样化的。

土丘泉

自流大盆地系统是辛普森沙漠的最主要构成部分。土丘泉占地面积不大，处于自流井水流出地面的地方，为缺少降水的区域提供了水分供应。这些干旱环境中的永久性绿洲,是一个被沙漠环绕的有水源供应的孤岛。它们成了本地植物、蜗牛和鱼类的家园。

西部和南部的维多利亚大沙漠是孤立和相对原始的。这不仅仅是因为极端气温和缺少降水的缘故，同时也因为它是核试验场。这里大多数地区被沙丘覆盖。常见植物种群包括三种不同的开阔林地或者灌木林地，有桉树物种、穆拉加等金合欢属植物及藜科灌木。吉尔斯走廊实际上是一个狭长带状刺槐灌木丛，它连绵穿过整个沙漠区域，穿过维多利亚大沙漠的卡内基湖地区和吉布森沙漠的南部地区。三棱石平原是荒芜的，除了在降雨后有些一年生植物之外，很少有植被生长。

很少有区域性物种在此生长，尤其是鸟类和哺乳动物，这是因为这些动物不会孤立地生存在一个地方，而是长途跋涉寻找理想的栖息环境。但爬行动物的种类是繁多的，尤其是壁虎科、飞龙科蜥蜴、小蜥蜴和毒蛇科物种。更新世纪后期的气候变化，在亚物种进化的地方生成了隔离物种和不同的植被小区域。栖息地的多样化也促成了物种的多样化。几种濒危的哺乳动物在过去200年间已经灭绝。引进的野兔物种由于过度繁殖正威胁着本地的植物，而家鼠也通过对稀缺资源进行的竞争而威胁着本地动物的生存。

第三章
冷沙漠

冷沙漠,也叫中纬度沙漠，而非热带或亚热带沙漠，它们与暖沙漠的区别不在于永远像极地地区一样寒冷，而是因为那里的冬季寒冷，大部分水分由降雪而不是降雨获得。冷沙漠仅限于北半球中纬度内陆地区，大约在北纬35°~45°。南美洲是唯一的例外。由于距离海洋较远，暴风雨到达内陆地区时大部分水分已经丧失。中纬度沙漠也会出现在山脉和高原的背风面。美国大盆地位于西风带上的内华达山脉和喀斯喀特山的背风坡。像亚洲的戈壁沙漠和塔克拉玛干沙漠一样，它们位于高山包围的盆地之中，使它们无论在何种风向之下都处于背风的位置。南美洲的巴塔哥尼亚沙漠位于安第斯山脉的背风坡里，但向东延伸至大西洋海岸。造成干旱自然条件的另一个原因是冷空气比热空气更不容易储存水分，所以降雨很有限。

地表形态主要是平原和高原，有裸露的岩石和土壤。断层山脉、冲积扇、干荒盆地和平顶山都很常见。所有的冷沙漠都有内部的排水系统，而且有含盐分的低谷。在从前是内陆的海、河的位置上，特别是在三角洲地带和海岸线上，很容易形成沙丘。沙丘在北美洲和巴塔哥尼亚沙漠的面积很小，而在亚洲则不然，在页岩上可形成广阔的干旱侵蚀地。由于页岩和黏土上的空隙较小，水很难渗透进去。干旱侵蚀地通常很贫瘠，有一些小而干旱的降雨形成的径流。土壤含岩石较多，为泛域

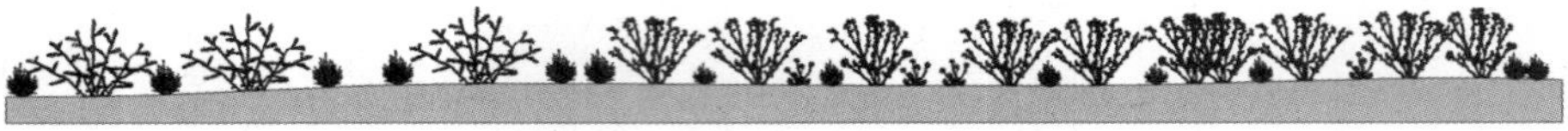

图3.1 冷沙漠中的植被主要是灌木，其间生长着草类和非禾本草本植物。海拔最低处的盐碱滩上只能生长盐土植物 （杰夫·迪克逊提供）

土或旱成土。黏土和堆积盐形成封闭的低谷，但是当较好的排水系统将盐分过滤掉后，也会生成旱成土。

分散生长的灌木是这里的主要植物，同时也生长着一些非禾本草本植物（见图3.1）。地上生长植物的密度会随着降雨的增加而有所增加。当植被的覆盖率高于50%时，这些地区也叫作半沙漠区或灌木干草原。

北半球冷沙漠中的植物生长方式和种群都存在一定的相似之处，其原因是这些区域都是新近分开的陆地。亚洲东部和北美洲西部在第三纪联系紧密，在更新世，一条通道通向阿拉斯加，为动物迁徙提供了路线。很多相同的物种，特别是低矮的草和灌木，生长在北半球几个冷沙漠中。常见的广泛分布的种群包括鼠尾草、滨藜属植物和肥优若藜。簇生草包括小麦胚芽和针叶草。区别也是存在的。黑色灌木和牧草只出现在北美洲；而琐琐碱、波斯桃树、沙拐枣属、红砂属和假木贼属只生长在亚洲。巴塔哥尼亚沙漠植物群较为不同，其以向日葵、马鞭草和茜草属植物为主导，因为南北美洲这两块大陆在地质上分离了很长时间而相对独立。垫状植物是由强风吹塑成形，高大的丛生草是其主要植物。所有冷沙漠的封闭含盐低谷中，都以盐土植物为主导，植物种类很少。

气候环境

冷沙漠位于中纬度地区，因其气温的变化这里有分明的冬季和夏季（见图3.2）。北半球冷沙漠的气温变化异常激烈，因为它们处在大陆的中

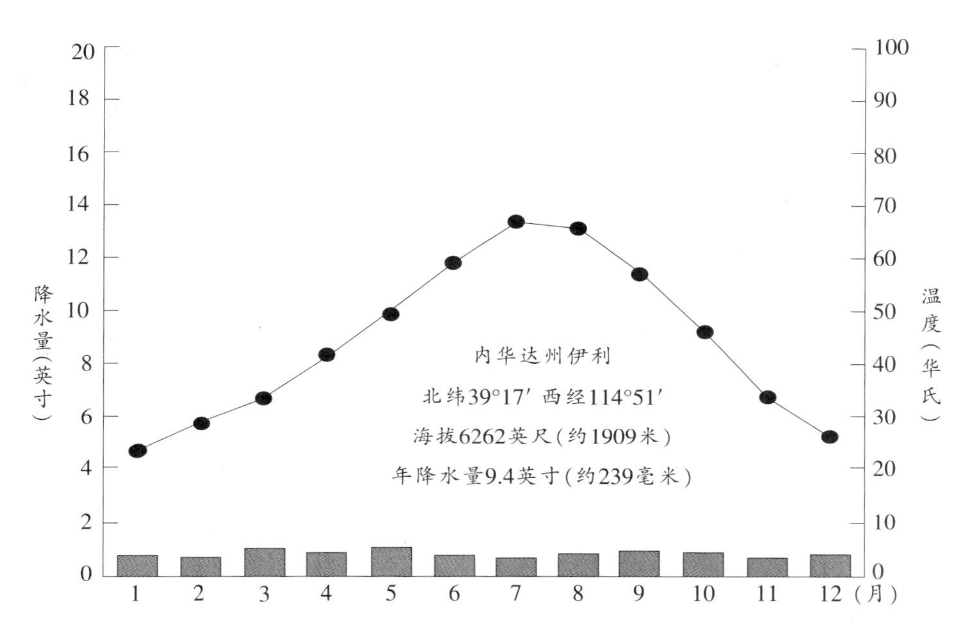

图3.2 位于北美大盆地中的内华达州的伊利，其气温和降水状况符合冷沙漠的典型特征。较少的降水以及冬夏无极端的气温变化，显示出其气候的大陆性特征 （杰夫·迪克逊提供）

央。冷沙漠通常比暖沙漠的海拔要高，高达6500英尺（约2000米）。夏季和冬季都会出现降雨。植物的生长，特别是一年生植物的生长，在春季较为繁盛，因为春季有融化的雪水和土壤储存的水分。

由于中纬度地区夏季太阳角度高，照射时间长，白天气温可达到80~90℉（约27~32℃）。在被山包围的盆地中，导致气温升高的其他因素还有隔热压缩和下降的温暖气体。白天的极端温度可达到100℉（约38℃）。夏季夜晚较凉爽，这既因为海拔，也因为降到盆地的冷空气，使气温降至45~65℉（约7~18℃）。

冷沙漠的夏季气温与暖沙漠相似，但冬季气温有其自身的显著特点。较低的太阳角度和缩短的白昼，使得地面对太阳辐射的吸收减少，因此气温较低。白天的气温仅可以升到25~50℉（约-4~10℃），高纬度沙漠的温度会更低。然而，尽管空气温度很低，植物、动物和暴露的地表仍能吸收到太阳辐射，温度比空气温度要高。夜晚气温会降至0℃以下，甚至达到0℉（约-18℃）。由于其所处纬度和大陆性的气候特征，极端寒冷的温度可达到-40℉（约-40℃）。寒冷沙漠位于气旋风暴的路径上，白天和晚上的气温都会部分受到大气的影响。

冷沙漠的降雨量通常在10英寸（约250毫米）以下。在很多地区，水分大部分在冬季以雪的形式降落下来。因为在内陆和背风坡，气旋风暴中包含的水分很少。炎热的夏季能够产生对流风暴，但是因为较低的湿度，空气要升到很高才能形成云，而降雨在到达地面之前都被蒸发掉了。因为冬季降雪时气温低，蒸发少，融化的雪水能够渗入土壤中，土壤中的水分得到了补充。夏季的暴风雨所带来的降水大多流走了，而没能渗入地下。降雨在时间上、地点上都无规律可循，平均降雨量也不能反映真实降水状况。

动植物的适应方式

植物适应方式

除了要适应炎热、干旱和盐碱化的自然条件以外，冷沙漠中的植物还需要在低温寒冷的环境中生存。冬季土壤中的水分冻结了，不能被植物吸收利用，这样会使植物处于生理干旱的状态，而迫使它们进入休眠期。灌木是主要植被，但是多年生阔叶草类和草也生长在其中。长年生草类的根茎能够储存营养，使其地上部分在寒冷季节和严重干旱的自然条件不会枯萎。几种常见的花园球茎类植物，如藏红花、郁金香、百合和鸢尾等都是冷沙漠中常见的植物。很多原生于冷沙漠的球茎类植物不适合在温暖环境中生存，因为它们在冬季需要低温。大叶片植物的种类并不丰富，因为寒冷的天气损害了植物的毛孔。仙人掌，主要是仙人果，生长在北美大盆地中，盐土植物更为常见。垫状植物生长在寒冷、多风的地区，特别是在巴塔哥尼亚沙漠中较为常见。低矮和坚固的结构减少了水分的丧失，但风却加快了蒸发的过程。

很多植物是常绿植物，并且可以利用冬季有阳光的天气进行光合作用。一些灌木既有深根又有浅根，可以吸收冬季雪水融化后渗入深层土壤中的水分，也可以吸收夏季降雨后表层土壤中的水分。依据它们光合作用方式的不同，植物在一年中不同的季节生长。C_3植物，在炎热天气会关闭毛孔，停止光合作用，它们选择在春季生长，而在夏季则保持不活跃的状态。C_4植物可以在高温环境下生存，整个夏季都可以生长，因为它们有不同的光合作用方式。

动物适应方式

动物以逃避或是忍受的方式来适应极度的炎热或寒冷。它们适应夏季炎热气候条件的方式与暖沙漠中的动物相似。恒温动物（热血的哺乳动物和鸟类）在夏季通过散失掉多余的热量来保持体温的恒定，在冬季则相反。它们不能把过多的热量散失到寒冷的空气中。冷沙漠的原生动物在应对严寒时会在生态、生理和行为方式上有所不同。由于体积与质量比例的不同，大型动物和小型动物的应对机制经常有所不同。

很多哺乳动物和鸟类在秋季刚刚降温的时候就发生了生理上的变化。能够适应寒冷气候条件的小型动物，如田鼠和家鼠，以及黑尾巴的长耳大野兔和野兔，会在冬季通过增加新陈代谢的速率的方式来产生更多的热量。相反，中纬度地区的大型有蹄类哺乳动物（如鹿和麋鹿）在冬季的新陈代谢速率要低于夏季，这样可以在夏季更好地吸收营养，而不是热量。战栗，指肌肉无意识地收缩，也会在短时间内产生热量。一些哺乳动物自身就具备随季节的变化产生更多热量的能力，而不需通过战栗产热。多产生出的热量来自于脂肪的新陈代谢。这些变化发生在白足老鼠、野兔、仓鼠和地松鼠的身上。除了温度以外，如在冬季开始时进行低蛋白的饮食，也会促发这些生理变化。在亚洲，秋季减少的白昼时间会触发叙利亚和准噶尔仓鼠、白足老鼠以及地松鼠的脂肪分解。

炎热气候下，动物血管的舒张可以使更多的血液流到皮肤中，这样多余的热量就可以通过辐射和传导进入空气中。在寒冷的冬季，血管收缩则会起到相反的作用。血管收缩会控制血液流向四肢，这样动物就可以在无病的条件下承受比体温更低的温度。在冬季一只家养的狗，尽管它的鼻子、耳朵、尾巴和脚都比身体冷，但也可以在室外正常生存。动物寒冷的四肢也会减少气温和体温的差异，这样就可以减缓热量的散失。

大型哺乳动物和小型哺乳动物的皮肤都会出现季节性的变化。夏季薄而稀疏的皮毛将会在冬季被厚而浓密的皮毛所取代，这可以减少向空气中传导热量。鼱鼩、老鼠、田鼠、黑尾长耳大野兔、黑尾鹿和麋鹿都会在冬季长出更多保护性皮毛，这些皮毛又会在春季脱落。宠物猫、狗也会有相似的生态行为。

一些小老鼠通过将巢穴建在一起的方式来减少三分之一的热量散失。很多动物通过进入麻痹或冬眠状态来避开寒冷环境。这些动物包括刺猬、土拨鼠、地松鼠和蝙蝠。体温降低、心跳和脉搏都降低，新陈代谢达到最小值等方式，都是为了保存能量。

鸟类是在白天活动的，它们要在冬季有限的白昼时间内摄取能量，然后度过漫长寒冷的夜晚。由于鸟类身形较小，它们很容易散失热量，但是颤抖和比夏季高4~6倍的新陈代谢速率是鸟类保持温度的主要方法。鸟类可以依赖的用于转化成热量的脂肪很少，翅膀和衬层可以隔离温度，帮助鸟类保持热量。一些鸟类会发生季节性变化，褪去羽毛长出新羽毛，这增加了冬季保温能力。鸟类通过肌肉收缩来提高全身羽毛隔绝热量的能力。它们也会迎风站立，使羽毛贴紧在身体周围而不蓬松开。它们夜晚住在树木、岩石或树穴的巢里、栖木上，那里的局部气候会更适于生存。一些鸟类在夜晚会进入麻木状态，降低体温和新陈代谢直至天明，这是另一种保存热量和能量的方法。

大多数冷血爬行动物（如冷血蜥蜴），当它们的体温降低时，会从阳光处疾走到阴暗处。然而，这种行为仍然不足以维持它们在寒冷的环境中的生存，大多数还需以冬眠的形式在地下或岩石遮蔽地区度过冬季。亚洲沙漠中的陆龟只适于在春季植物嫩绿的时候生存，在寒冷冬季和炎热夏季都处于不活跃状态。很多昆虫以幼虫或蛹的方式度过冬天。

冷沙漠的分布

北美洲的冷沙漠

大盆地　大盆地沙漠位于北纬36°,包括内华达山脉和西部的喀斯喀特山脉，以及东部的落基山脉之间的内陆山地森林盆地（见图3.3）。尽管通常仅指位于内华达中央的大盆地，这种类型的沙漠也向北延伸至俄勒冈州东部和华盛顿州，向东至科罗拉多高原，东北至怀俄明州中部。植被主要是半沙漠化的灌木和生长在海拔4000~7200英尺（约1200~2200米）的干草原灌木。

这片区域的地形多种多样。在内华达，地形主要是由断壁山、冲击层、山麓冲积平原和干荒盆地构成。除了东南和西北部的小片区域，其他地方都有内陆河流。冲击形成的闭塞峡谷很高，可达到2000~6000英尺（约600~1800米），一些山可以达到1万~1.2万英尺（约3000~3600米）高，甚至更高。位处内华达东部的大盆地国家公园的车轮山峰，海拔13063英尺（约3982米）。华盛顿东部和俄勒冈的地形是由玄武岩和火山

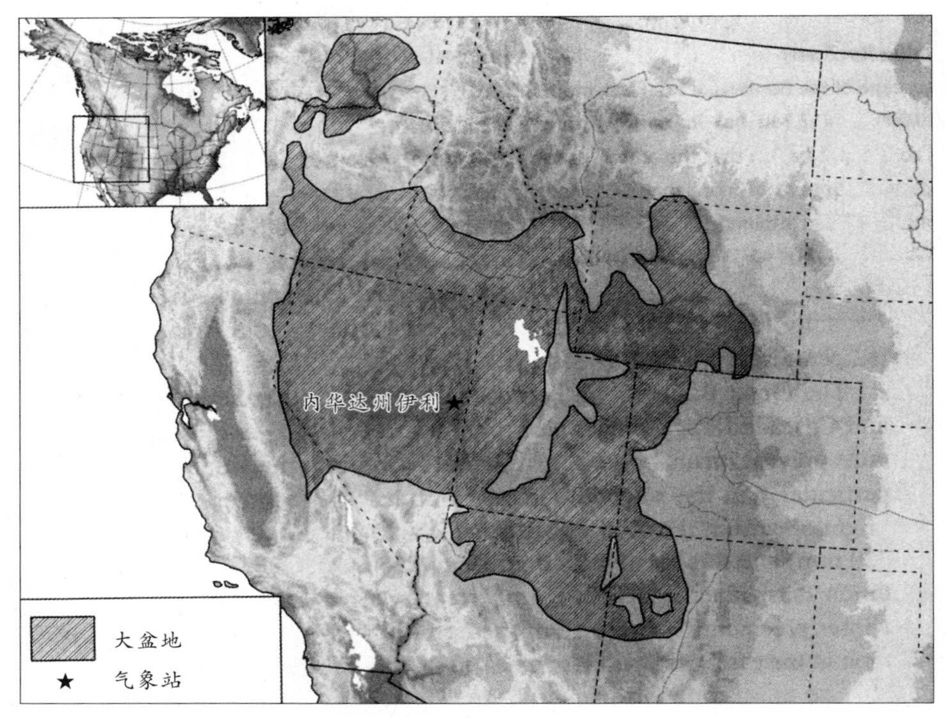

图3.3　大盆地沙漠主要集中在内华达州及邻近州，但在哥伦比亚高原、科罗拉多高原及怀俄明盆地中却生长着相似的植被　(伯纳德·库恩尼克提供)

岩高原构成，有时会被峡谷和火山灰沙石平原分割成小块。科罗拉多高原由沉积物层和深谷组成，即使是干旱的河流也会随季节的变化而有水流动，或在暴风雨期间增加水量。怀俄明州盆地是由邻近落基山脉剥蚀下来的深层冲积物填充形成的地区，因此地域平坦宽广。

内华达和犹他几乎不存在大型河流，但有很多流向内陆的河道。洪堡河发源于内华达东北部的山地，但是当它向西流向洪堡洼地时，水量逐渐减少，河水会蒸发或渗到土壤里，因此永远无法到达海洋。发源于内华达山脉的特拉基河注入皮拉米德湖，这是另一个内陆盆地。塞维尔河发源于瓦塞赤岭，在灌溉工程改变河道之前，注入塞维尔湖，现在除了遭遇少有的洪水外，河道都是干涸的。科罗拉多河流经内华达南部的小片区域，皮特河穿过内华达西北部的喀斯喀特。在华盛顿东部和俄勒冈州，斯内克河和哥伦比亚河将落基山脉的水带入太平洋。北普拉特河也在落基山脉附近得到水源，向东流入怀俄明州的贝森。

很多干荒盆地是在大陆性冰河的作用下形成的。当冰层覆盖北美洲的大部分地区时，西部地区的气候比现在潮湿。很多干涸的湖床是互联河流的一部分。由于气候的变化和当今的旱情日益加重，蒸发降低了湖面高度，逐渐使湖独立出来，大多数湖泊完全干涸，但仍有一些盐湖存在。犹他的冰川湖，面积达2万平方英里（约5.18万平方千米），深度超过1000英尺（约305米），是大盐湖的前身，当水分蒸发后残剩下来大量的盐分。其他由冰川湖泊的残留物形成的湖泊有皮拉米德湖、沃克莱克、洪堡洼地和卡森洼地，内华达西部有很多由拉洪坦冰川湖的残余物形成的湖泊。

大盆地是大陆性气候，高海拔又加剧了这种气候特点，昼间及随着季节的变化会出现极端气温。夏季白天的温度可以达到85℉（约30℃），夜晚则降至40~50℉（约4.5~10℃）。到5月份会经常出现整晚的霜冻，在10月份这样的情况会再次出现。冬季的最高温度在零摄氏度附近或略高于0℃，但是气温不会一整天都超过0℃。冬季夜晚的平均温度通常在15℉（约-10℃）左右或更低。极其寒冷的北极寒流可以使温度降至-30℉（约-35℃）。

邦纳维尔赛道

犹他州西北部的邦纳维尔盐碱滩面积超过3万英亩（约1.21万公顷），它是如此的宽广和贫瘠，以至于被用来当作赛道。最高时速可以超过每小时600英里（约965千米）。

大盆地很干旱，因为它处于内华达山脉和喀斯喀特山脉的背风坡，阻挡了可以带来降雨的西风。落基山脉阻挡住了来自东部大平原的气旋风暴的袭击。这片地区，特别是东南部，偶尔会有始于墨西哥湾的夏季暴风雨。年均降雨量可达6～16.5英寸（约150～420毫米），但大多数情况下都不足10英寸（约250毫米）。一半的降水是以雪的形式出现的，这对于增加土壤的含水量很重要。尽管冬季降雨在西部更为常见，在东部则是夏季常有降雨，大盆地没有明显的干湿季之分。

大盆地中最常见的植物是无刺的常绿灌木，下层林中生长着多年生禾草。总体来说，灌木在岩石区较茂盛，而草则更多地生长在深层沃土或沙地上。植物种类不丰富，通常每个植物群落中只有一种占主导地位的灌木。微小植物上通常覆盖着苔藓和地衣，而藻类则主要生长在灌木之间的地面上。仙人掌和多肉植物不如暖沙漠中那样多，但是在土壤沙化的地方仍可见到一些仙人掌、仙人果和丝兰的身影。植物种群在更新世变化频繁，这是由冰河时期和间冰期在温度和降雨上经常发生变化造成的。在低温下生长的植物包括山艾、滨藜属植物和肥优若藜。温暖气候条件下生长的主要植物有金花矮灌木、黑毛藻、黑肉叶刺茎藜和马刷。

标志性植物是大型山艾，这是一种长寿命灌木（寿命超过100年），主要生活在深层土壤中，为大地勾勒出灰绿色的线条。它有3～6英尺（约1～2米）高，广泛地分布在树冠层。小型的灌木不足1.5英尺（约0.5米）高，如黑山艾、低矮山艾和银色山艾，在黏土和岩石含量高的浅层土壤中生长。小型的山艾种群在发生洪水时，也会间接性取代大型的山艾。大型的山艾既有长根（可达6英尺，约2米）又有短根，使得它可以吸收不同深度土壤中的水分。因为它是常绿植物，一年中在水分和温度允许的条件下，都可以进行光合作用。在夏季这种植物进行光合作用会受到限制，因为其气孔在一天中最为炎热的时间会关闭。这种植物有两种叶片。新生的短暂叶片在春季长出，以便于吸收雪融水。当较大叶片受到温度和水分的压力时会脱落，只剩下有韧性的小叶片。由于夏季过于干燥，它都会在秋季开花。植物在晚冬或早春水分和温度合适的时候发芽。这种植物在适应环境上有一个缺陷，那就是火灾过后不能再次发芽。在很多因为火灾或者畜牧的原因使植被遭到破坏的地区，本地灌木，例如金花矮灌木、摩门茶、马刷和金雀花蛇草以及仙人果，在数量和覆盖率上都会有所增加，这是因为它们具有火灾后重新繁殖的能力。

依据不同的气候和土壤基质出现了几种主要的植物种群。以大型北美艾灌丛为主要植被的北美艾灌丛草原植物群落主要出现在北部地区，这一地区包括哥伦比亚–斯内克河高原、内华达西北部及怀俄明，这是一片遍布着丛生禾草的广阔区域。最重要和分布最广泛的是穗序冰草，其他常年生的草则依据不同的地理区域而生存。洋芋生长在西北部，针茅生长在西南部，因为夏季有更多的降雨，所以大盆地野生黑麦生长在东部。很多原生的灌木地被转化为耕地，本地的草类则被外来物种，如雀麦草所取代。

雀麦草

偶然被带入北美洲，也许混进了填充材料或者庄稼的种子——来自亚洲西南部的雀麦草引发了一个广泛的环境问题。这种一年生植物在秋季发育，在冬季育苗。当春季到来的时候，它们会与当地草类进行竞争，争夺土壤中的水分，因此这种植物在美国西部的很多地方取代了当地的植物。它在夏季会变得很干燥，增加了夏季火灾的可能性。尽管这种植物现在成了本地和外来动物的饲料，但是它们锋利的茎却可以伤害到动物的嘴、鼻孔、眼睛，甚至是消化道。

大盆地北美艾灌丛草原植物群落，是内华达干旱地区和科罗拉多高原的主要植物群落（见图3.4）。大型北美艾灌丛再一次成为主导植物，但是灌木丛更加矮小，不足3.3英尺（约1米）高，密度也不大。因为干旱，草的种类更少，草本植物生长在较湿润的局部气候中，而不是生长

图3.4　北美艾灌丛植物群，生长在内华达州的斯内克山，是大盆地冲积扇上生长的主要植被　(作者提供)

在灌木之间。为了应对降雨类型的变化，西部生长着能够适应凉爽季节的草类，而东部则生长着能够适应温暖季节的品种。在海拔较高处和更湿润的地区，北美艾灌丛草原植物群落和犹他杜松、单叶片矮松、大叶片高山红木以及栎树间杂生长在一起。在怀俄明州，植被类型向大平原草地植被过渡。

滨藜–黑肉叶刺茎藜植物种群中主要生长着藜属植物，它们生长在平原和低矮的山谷中。对于北美艾灌丛来说，在过于干燥的内华达山脉东部的无盐沙漠中，它们也能生长。依据盐土植物取水能力的不同，将干荒盆地划分成了三个同心圆。在最外圈的干旱地区，最为常见的植物为密叶滨藜、黑肉叶刺茎藜和格雷滨藜。一种小型但很重要的灌木是肥优若藜。耐盐的草类包括内陆盐草、碱茅属和碱地鼠尾粟，它们生长在临近地下水的地表层。在最里圈，当春季到来的时候土壤会变得湿润，

气候迁移

几种俄罗斯蓟是草本灌木，分布在不同的地区。植物的种子偶然间裹挟在被引进的庄稼种子中于19世纪进入大盆地。俄罗斯蓟在这里生长得很好，因为它原本就生活在亚洲相似的冷沙漠环境中。每种灌木都会长出很多种子，最终发育成胚胎。它们的名字风滚草，是由它们传播种子的方式而得来。当种子成熟时，整个干枯的植物会从根部断裂，被风吹走，在任意经过的地方降落下来。种子可以在32~104℉（0~40℃）的环境温度下发芽，这是其可以生活在中纬度地区的一个很大的优势。另一种从亚洲的哈萨克斯坦引进的藜科植物（盐生草），自从1930年以来已经发展成了一个环境问题，因为它对羊来说是有毒的植物。它可以生成两种类型的种子，一种会很快发芽，另一种则需休眠很多年。

主要的植物是盐生植物，如碱蓬草和厚岸草。在干荒盆地中央的干燥盐壳上，什么植物都不能生长。黑毛藻植物群落是大盆地和莫哈韦沙漠交界处生长的典型植物群落。这种灌木通常不足1.5英尺（约0.5米）高，生长在地层是钙积盐的山麓冲积平原上，这种钙积盐是土壤中的一层钙质。除了偶尔得见的丝兰和仙人果以及偶生草，如牧草、印度落芒草及三芒草以外，黑毛藻生长的坡地上几乎不见其他的植物。

大盆地中较少的沙丘中的植物种群，比干荒盆地的盐碱滩中的植物种群更为茂盛。移动的沙丘出现在温尼马卡西北部的银州山谷和卡森沙漠的沙山中，这两处都位于内华达的西部。水分能够渗入能透水的沙中，被深根植物所吸收。印度落芒草是最为常见的常年生丛生草，它们可以使部分植株埋入沙丘里。

大盆地中生长的树木，是柳树和三叶杨，这两种树都生长在主要的水道旁边。在很多地区，本地的树木已经被外来的雪松、俄罗斯橄榄等树种所取代。在较小的干燥低湿地上，很难见到河岸植物群落。

矮松林生长在海拔更高、气候更湿润的地带，是生长在沙漠灌木丛上方的树林，而且高山上还可以生长北方植物群落，甚至会出现高山冻原，这些高山冻原可以被看作沙漠上方的更为湿润的岛屿，年均降水量可达25~45英寸（约630~1100毫米）。

尽管很多植物的叶子由于有刺或者是有芳香的味道，降低了它们的可食用性，但很多大型食草者还是适应了这种状况。大型山艾是黑尾鹿和麋鹿的主要食物。黑尾鹿是常年生活在同一地区的动物，而麋鹿则是夏季生活在山区附近，冬季生活在山艾平原和山麓冲积平原。其他大型有蹄类动物不是这一地区动物的典型代表。叉角羚是一种美国独有的种群，而不是真正的羚羊（见图3.5）。它们一小群一小群地生活在一起，对事物很好奇，往往愿意让人靠近。它们的毛是空的，里面有大的空气细胞，可以隔绝极端的冷热温度，使得它们可以适应极端的大陆性气候条件。

图3.5　叉角羚生活在大盆地和临近草原的地方，是一种能够适应沙漠生存条件的大型哺乳动物　（作者提供）

未经驯化的马和驴在西部沙漠中流浪，特别是在内华达州的沙漠中很常见。这两种动物的踩踏和啃噬对于自然生态系统是一种破坏，可以损坏当地植物并使其腐烂。它们通过粪便和皮毛可以把种子携带往别处，因此它们也促成了非本地物种的传播。一些大型马的重量使得小动物的洞穴被踩塌。它们与本地的大角羊、鹌鹑、一些蜥蜴和小型哺乳动物争抢水源和食物。小驴特别能适应沙漠环境，可以在没有水的、气温超过100℉（约38℃）的条件下行走15英里（约24 千米）。像骆驼这样的动物，可以在能够得到充分水分补给的时候迅速地实现再水化。然而，它们的蹄子却会搅动淤泥，使水源混浊起来。这种动物显然已经适应了极端的温度条件，在食物上也很适应当地的条件，可以进食从北美棉白杨到仙人果的任何种类的植物。

小型哺乳动物的种类很丰富，啮齿类动物可以成为种子食用者、草类食用者或者杂食动物。黑尾长耳大野兔的数量最多。山艾为一些小动物如金花鼠、唐森德地松鼠，以及食山艾的田鼠提供了遮蔽处。沙漠林鼠也很常见。头很大的小更格卢鼠生活在沙漠区，而峡谷鼠则生活在岩石区。地松鼠有两个种群，包括软发的地松鼠和安蒂洛普地松鼠。大盆地口袋鼠和一些其他老鼠以大盆地为生活中心。很多小型哺乳动物通过挖掘洞穴来躲避寒冷和炎热，唐森德地松鼠在食物匮乏的仲夏可以夏眠。

蝗虫鼠是沙漠老鼠中独特的种群。它只有4英寸（约10 厘米）长，不足2盎司（约55 克）重，是一个捕食者。尽管它可以吃种子和植物，但它更喜欢吃蝗虫、蝎子、甲虫、飞蛾和其他无脊椎动物。它也会袭击并杀死其他老鼠，如口袋鼠和田鼠。尽管世界上的沙漠中没有其他的啮齿类动物是食肉性动物，但以啮齿类动物为食物的旧大陆上的刺猬和南美洲、澳大利亚的一些有袋目哺乳动物，填补了一个相似的生态位。

凿齿鼠

凿齿鼠不仅适于而且还很繁盛地生活在大盆地的灌木地区。与小更格卢鼠所生的尖利门牙不同，它的门牙很短小，而且很宽，形状类似于木匠的凿子。它们不吃也不会储存种子，但它们以多肉滨藜为食。在吃叶子之前，它会用宽大的门牙将叶子上残留的盐分刮掉。它是北美洲唯一可以食用滨藜的啮齿类动物。

沙漠丰年虾

大盐湖和莫诺湖中生活着一种0.25英寸（约6毫米）长的丰年虾（卤虫），这种丰年虾可以适应高盐度的水域生活。丰年虾是海鸥食物链中的重要环节，但是其他水鸟如鹈鹕、鹭、鸬鹚和燕鸥则更喜欢在淡水中寻找食物。

很多鸟类生活在大盆地沙漠。土耳其秃鹰和渡鸦以腐肉为食。常见的捕食者，如鹰、猫头鹰主要是以啮齿类动物为食。艾草鸡是典型的地面鸟类，与山艾有密切的联系。这种鸟在冬天依赖山艾为食，但也需要其他食物来补充更好的营养。石鸡是一种从巴基斯坦引进的猎鸟，主要在岩石地区生活，以源自本土的俄罗斯蓟和雀麦草为食。它们不与本地艾草鸡竞争，更适于在气候不太宜人的环境下生存。最常见的蜂鸟是宽尾蜂鸟。内华达的含盐湖，以及犹他的大盐湖，其中布满广阔的沼泽和较浅的淡水湖，吸引了大量的水鸟，包括海鸥和各种类型的鸭子、天鹅。蓝头鸦生活在生长着沼泽松的林地里，这片林地在北美艾灌丛沙漠的稍上方处。

冷沙漠中的爬行动物种类比暖沙漠少。一种大型的斑纹蜥蜴（5.5英寸，约14厘米长），以昆虫和毛虫为食，但也吃其他蜥蜴和蛇以及小型哺乳动物。大盆地彩色蜥蜴，身上也有斑点，个头也更小些，可以通过它们背部的颜色及在岩石区生活的习惯对其进行区分。常见的山艾蜥蜴受限于山艾生长的地区，灰肩蜥蜴生活在岩石和山艾区之间，以昆虫为食。两种有角蜥蜴是其中的代表。常见的蛇有西部竞赛者和森林王蛇，这两种蛇都是无毒蛇，常见的蛇还有大盆地响尾蛇。除了铲形脚蟾蜍以外，大盆地几乎不存在两栖动物。这种蟾蜍与暖沙漠的铲形脚蟾蜍类似，都会用脚在泥里挖出坑来度过干旱时期。几个亚种的有角蜥蜴、响尾蛇也在这里生活。

由于生态系统过于单一，昆虫种群的扩大会使山艾的叶片迅速脱落。这些昆虫包括结蒿梦蛾和摩门螽斯。

南美洲的冷沙漠

巴塔哥尼亚沙漠 巴塔哥尼亚沙漠从南纬40°延伸至南纬50°，是位于大陆东海岸的唯一的中纬度沙漠（见图3.6）。因为处于安第斯山脉的背风坡，以及受到东海岸寒冷的福克兰海流的影响，气候干旱。这里是凉爽的半沙漠地区，没有温度的极端变化。西部由沉淀和火山喷发物堆积成的高原和小山地势较高，可达2500～4000英尺（约760～1200米），但是面向大西洋的一面坡度和缓，入海处

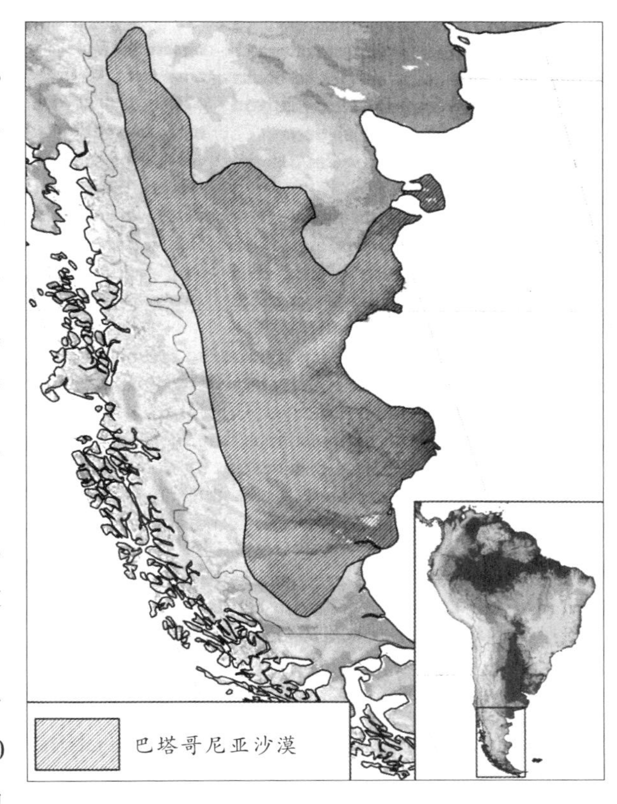

图3.6 巴塔哥尼亚沙漠西部位于安第斯山脉的雨影区，它延伸到了大西洋海岸（伯纳德·库恩尼克提供）

是陡峭的山崖。很多河流深深地切入狭窄的山谷中，而高原的表面则很粗糙或遍布沙砾。这一地区几乎一半是沙漠，很少见到低矮灌木，20%是半干旱灌木和干荒草原。由于这里的风很强烈，大多数灌木都长成圆圆的半球状垫形植物。20世纪初以来，这片地区遭到了当地动物的严重啃噬，地形发生了变化。因为没有先前的记录，人们对从前的动植物特征所知很少。

巴塔哥尼亚位于南半球的西风带上，风力很强。冬季由于有气旋风暴而较为湿润。越向东去，降水越少，从西部高海拔地区的12~20英寸（约300~500毫米）降至东部低海拔区的6英寸（约160毫米）。但东部海岸较湿润，降水量可达8英寸（约200毫米）。不同地区的年均降水量区别很明显。由于狭窄大陆和海岸的影响，夏季和冬季的气温变化差异很小。巴塔哥尼亚没有中纬度沙漠区的季节性高温。夏季的平均温度为60~70℉（约16~21℃），白天最高温度可以达到80℉（约27℃），偶尔也会达到100℉（约38℃）。冬季温度稍低于0℃，但是极端低温也可以降至20℉（约-6.5℃）。除了温和的海岸地区以外，任何月份都有可能下雪和霜。因强风带来的蒸发加剧了夏季的干旱。

三个植物区的区别很明显，其中的两片区域只覆盖了很小部分，这两片区域或平行于安第斯山脉或者位于东海岸。西部区域是沿安第斯山脉的狭长地带，只有60~75英里（约97~120千米）宽。因为它位于靠近山区的较高海拔处，是较为湿润的半沙漠区，因此植被以草类居多。丛生草，特别是针茅，长有针状叶片，是主要的草类。其他重要的草类还包括莓系属的牧草、大麦和洋芋。在丛生草之间生长着垫状的灌木，高达3英尺（约1米），主要的灌木是针刺草属蝶骨棘、野生艾兹豆属植物和千里光属植物。生长在丛生草和灌木之下的低矮的常年生草本植物，主要是长有根茎而不是球茎的地下芽植物。一年生植物并不常见。这片区域的最南端是仙人掌科植物生长地，其中具有代表性的种属有三类，各自都有不同的生长特性。拟叶仙人掌属由针状的细裂片形成的宽而矮的垫状植物或灌木组成，直径3英尺（约1米），高8英寸（约20厘米）。狼爪玉属是矮小的圆柱仙人掌，有2英尺（约0.6米）高，上面生有长刺。翅子掌属仙人掌靠浅根或地下茎基生存下来，它的茎上生有很多短刺。很多植物一年四季都在生长，可以在冬季降雨后的夏季之初开花。圣豪尔赫海湾是海岸边的狭长地区，被切割成一块一块的高原地带，植被种类随地形地貌的变化而有所不同。特列仗亚属植物和大戟科灌木丛中生长着由针茅和其他草类构成的草本植物层，这些植被在山坡上密集地生长（覆盖率达60%）。高原上猛烈的风将灌木丛和垫状植物雕刻成不同的形状。石炭酸灌木是最南部的木榴油种群，被风雕刻成了地毯的形状，紧实地铺排在大地上。

中央区覆盖了巴塔哥尼亚沙漠的大部分地区，是最干旱的区域，草都不常见。向日葵科钝柱菊属灌木，是这一地区最为典型的植物，在某些地区被对节刺所取代。位于丘布特和里奥内格罗省南部的北部地区生长着两种植被类型。平原、高原和高于1300英尺（约400米）的山地主要生长着风成形的菊科灌木（也属于向日葵科），钝柱菊属和对节刺，其间生长着针茅和莓系属的牧草，地面覆盖率不足35%。其他灌木，如牧豆树属（豆科灌木）和枸杞，会偶尔出现但经常不见踪影，土壤表面只留下类似于岩石的低矮的钝柱菊属植物。滨藜和石楠灌木生长在650英尺（约200米）高的盐地上。贫瘠的土地上生长着本地植物唐棣属，它也是向日葵科植物。位于圣克鲁什的中央区的南部地区，植被种类与北部类似，只是不能生长菊科灌木植物。它被马鞭草属植物所取代，这种植物可以在冲积平原、山坡、岸边淤泥平原等地形地貌上生长，形成2.5~3英尺（约0.75~1米）高的厚密灌木丛。在靠近大西洋沿岸高650~1000英尺（约200~300米）的低矮的台地上，马鞭草属植物与雏菊科植物、小檗属植物和智利枸杞混合生长在一片开阔的灌木林地上，林地上还生长着丛生禾草、垫状植物和多年生草本植物。

因为寒冷和干旱的条件，巴塔哥尼亚的植物群与安第斯山脉的植物群很相近，特别是在海拔高达1.1万~1.5万英尺（约3300~4500米）的安第斯山脉高原上，几种主要植物在这两个地区很常见。

巴塔哥尼亚的标志性动物是巴塔哥尼亚野兔和南美犰狳。巴塔哥尼亚野兔有大约28英寸（约70厘米）长，短尾巴，是巴塔哥尼亚干旱草原和沙漠中最大的啮齿类动物，它们以草和其他草本植物为食（见图1.6b）。它们的外表长得像长耳大野兔，但是和水豚、豚鹿一样，都属于豚鼠科。它们可以像兔子一样跳起，也可以正常行走。在短距离内，它们的奔跑速度可以达到每小时28英里（约45千米）。巴塔哥尼亚野兔都是成对地在沙漠草场上漫游，雄性总是保护雌性免受其他雄性和捕食者的骚扰。白天，它们大部分时间都待在阳光下，晚上则躲藏进洞穴里。尽管没有灭绝的危险，它们的数量也因生存环境遭到破坏，以及外来欧洲野兔的入侵而减少。南美犰狳很矮小，大约12英寸（约30厘米）长，却长着长达5英寸（约13厘米）的尾巴。因为其皮肤表面的鳞片可以与地面直接接触，捕食者很难将它从哪怕是很浅的洞穴里拖出。

大多数啮齿类动物，如草鼠、叶状耳鼠和兔子等，体型都很小。叶状耳鼠的特点是耳朵很大。蹄兔，也叫作傻老鼠，是长得像老鼠的啮齿类动物，

巴塔哥尼亚野兔的“育儿室”

小巴塔哥尼亚野兔在出生时就已经发育得很好了，它们仍然在出生后的两三个月里被放在一个共用的兽穴里。父母会定期地返回兽穴，以便于雌性巴塔哥尼亚野兔来喂哺它们的后代。雌性巴塔哥尼亚野兔可以通过气味来分辨出哪个是自己的孩子，并拒绝喂哺非亲生的幼崽。雄性巴塔哥尼亚野兔则会在雌性照顾幼崽时赶走其他的成年野兔。

被视为农业害虫，因为它一夜之间就可以吃掉与它体重相当的草。唯一的大型有蹄类动物是栗色羊驼，其数量由于放牧家养动物而大为减少。

所有捕食者的数量都很少。红狐狸和阿根廷灰狐狸都以啮齿类动物为食。美洲狮很少出现在沙漠地区。关于南美草原猫所知甚少，只知道它生活在除了沙漠灌木区以外的很多地方，以小型的哺乳动物为食。它们有时也吃大西洋沿岸的企鹅蛋。乔氏猫生活在树丛区和灌木区，以身上的斑点毛发而著称。与南美草原猫生活在地面不同，乔氏猫住在树上，以鸟类、小型哺乳动物和蜥蜴为食。这两种猫都因为它们珍贵的皮毛而遭到猎杀。草原鼬属、白背臭鼬和负鼠也是常见的捕食者。

这里的鸟类主要是走禽，这就意味着它们是用跑而不是飞来躲避危险。典型代表是小美洲鸵。可能是强风抑制了飞行，小美洲鸵丧失了飞行能力。小美洲鸵的食物主要是植物、种子和根，但也捕食昆虫和蜥蜴。它们能够以每小时37英里（约60千米）的速度奔跑，会采用诸如之字形路线等几种逃生方法来躲避捕食者。鸟类中的捕食者如黑胸鵟鹰、凤头卡拉鹰、叫鹰、大角枭、隼和鹰等，都非巴塔哥尼亚所独有（见图3.7）。秃鹫体型巨大，翅展能达30英寸（约80厘米）长，从头顶飞过时因其下侧为白色而很容易被认出。凤头卡拉鹰，也叫墨西哥鹰，体型更

图3.7　巴塔哥尼亚两种常见的猛禽：(a) 凤头卡拉鹰；(b) 叫鹰　（基思·索尔提供）

大，重达3.5磅（约1.6千克），翅展开达4英尺（约1.2米）。这种鸟的特点是颜色黑白相间并且长着大大的橘红色有钩的喙。它们以腐肉为食，但也会捕捉小型的哺乳动物、爬行动物、有巢鸟类、鱼和昆虫等。尽管安第斯大秃鹫因其体型巨大而更愿意捕食大型动物，有时也可以见到其食用腐肉。

美洲鸵的"父爱"

雄性美洲鸵，取代了雌性来照顾幼崽。在一场精心演绎的求爱活动后，雄性美洲鸵与几只雌性发生关系，它们都在它的巢里生下蛋。经过几个星期，它可以积累到30颗蛋，然后用35～40天的时间进行孵化。雄性美洲鸵在幼雏破壳而出后仍然照顾它们，甚至会容纳走失的来自其他家庭的幼崽。

典型的海鸟，如鸻、矶鹞、鸬鹚、燕鸥、海鸥和信天翁等,都聚集在沙漠和大西洋沿岸的岩石峭壁的交会处。沙漠环境中的一个不寻常的物种是麦哲伦企鹅，它们生活在大西洋沿岸地区。它们喜欢在土壤较深的地方打洞，偶尔也会在浅层土壤和灌木层下筑穴。灌木也为它们躲避捕食者提供了掩护。尽管雌性会一次生两个同样大小的蛋，但是它们只会保护第一个出生的小企鹅，另一个往往很难生存下去。商业捕鱼使得企鹅的食物大量减少，石油泄漏也杀死了很多海鸟。

典型的爬行动物包括几种敏捷的蜥蜴和两种壁虎。原生于阿根廷的巴塔哥尼亚蝮蛇，生活在包括海滩在内的沙地和岩石地区。它们平均长度只有18~30英寸（约45~75厘米），最大可长到3.3英尺（约1米）长。

亚洲的冷沙漠

中纬度亚洲沙漠位于北纬36°～北纬45°，横穿东经50°～东经120°的大陆（见图3.8）。两片区域是有区别的，特别是在气候上。中西部地区包括位于土库曼斯坦、乌兹别克斯坦和哈萨克斯坦南部以及里海东部的卡拉库姆沙漠和克孜勒库姆沙漠。中北部地区包括塔里木盆地和准噶尔盆地，以及中国和蒙古国边界的戈壁沙漠。在中北部地区，由于冬季的高气压干旱愈加严重，在一部分季风系统的影响下，极为寒冷，干旱的气团笼罩了大陆的大部分地区。因为这片地区在冬季和春季较为干旱，所以植物直到夏季降雨后才开始生长。最高纬度地区受到自东向西的夏季极地东风带气旋影响。天山和帕米尔高原在亚洲北部和西部之间形成了一道天然的气候屏障。亚洲中西部沙漠，从山区向西延伸到里海，这里的气候既不冷也不干旱，气候体系是地中海类型，冬季降雨多于夏季。亚洲中纬度地区中最干旱的是中部地区，特别是塔里木盆地的塔克拉玛干沙漠，冬季和夏季都几乎没有降水。中亚地区中得到最细致考察的是苏联地区，得到最少关注的地区是伊朗和阿富汗。

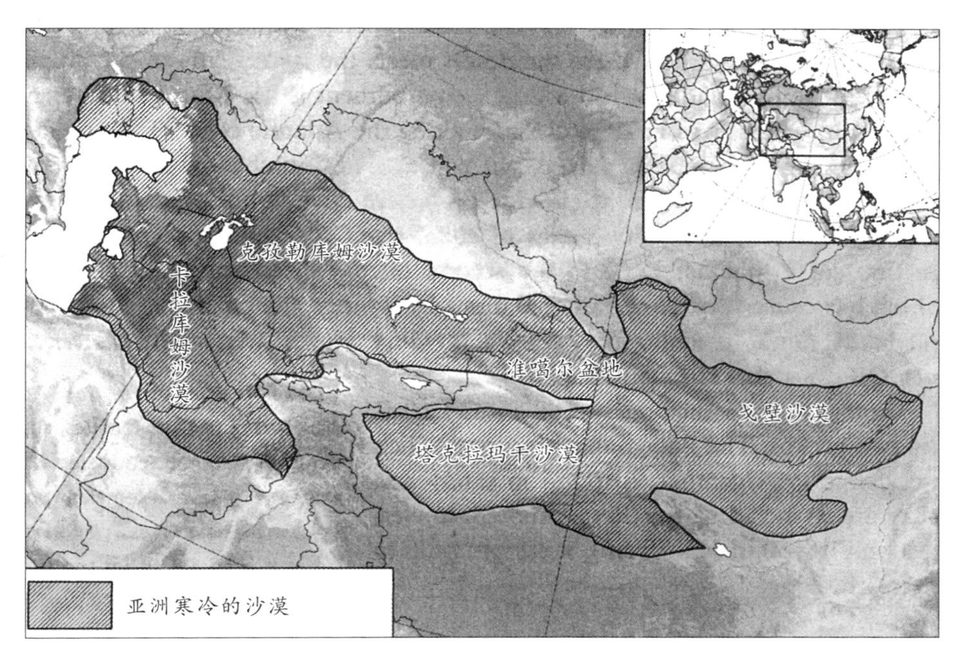

图3.8　亚洲的冷沙漠主要位于被山脉包围的盆地中　（伯纳德·库恩尼克提供）

亚洲中西部：卡拉库姆沙漠和克孜勒库姆沙漠

卡拉库姆沙漠和克孜勒库姆沙漠从里海东部延伸至天山，大致位于北纬36°~北纬45°。它们在中国境内被帕米尔高原西北部的天山从塔克拉玛干沙漠中分开，是喜马拉雅山系的一部分。卡拉库姆沙漠的主要地形是由石灰岩构成的乌斯秋尔特高原，西北部与里海相邻，南部是沙漠。南部和东部的小山被黄土覆盖着，是肥沃的淤泥地。部分地区会出现黏土平原、河水泛滥平原和含盐洼地。在南部和东部隆起的山脉，将这片区域与亚洲其他部分分隔开，因为与北部和南部的生物关系，这片区域是印欧沙漠中沙漠形态最丰富的沙漠集合体。位于里海和土库曼斯坦阿姆河之间的卡拉库姆沙漠得到了最为仔细的研究，其情况广为人知。克孜勒库姆沙漠在里海和位于乌兹别克斯坦和哈萨克斯坦南部的土库曼斯坦阿姆河的东北部。

这两片沙漠都拥有多种地形，包括石山地、沙和砾石平原、山麓冲积平原、高原、峡谷和沙丘，但是卡拉库姆沙漠的80%以上都是沙丘。含盐和黏土的干荒盆地仅占据卡拉库姆沙漠面积的10%。在里海附近和当地的洼地处遍布着含盐平地。由春季河水季节性流入表面是黏土而不是盐的洼地而形成的干荒盆地，叫作龟裂土。黏土和移动沙丘上不能生长植物。大风夹杂着松散的沙土将岩石削蚀成风磨石，高

死　海

土库曼斯坦阿姆河和锡尔达拉河这两条河流穿过卡拉库姆沙漠和克孜勒库姆沙漠，注入被陆地环抱的咸海。由于灌溉用水使得咸海的面积持续缩小。大多数本地的植物和动物，包括作为一度繁荣的捕渔业基础的鱼类，都很难在不断增加盐分的水中生存下来。然而，环境恶化的后果难以估量，影响深远，这其中就包括对土壤的污染，以及废弃物随风飘到其他地区，甚至全世界。曾经依靠水而存在的绿洲也已经干涸了。

大的移动沙丘（10~12英尺，约3~4 米）很常见。沙丘随南亚季风方向的改变而改变，夏季向东北的帕米尔移动，冬季则向西南移动。沙丘之下可能存在地表水。稳定的沙带有几千米长，可达300英尺（约100 米）宽，200英尺（约60 米）高。在很小的范围内，因灌木限制了风沙的移动而形成的沙山叫作灌丛沙堆。在山谷边缘靠近四周高山的地方可能会发现一些绿洲。

卡拉库姆沙漠的火山仍然很活跃，有诸如泥土流动等放热的现象。很多矿物质温泉的水中含有很高的盐分，并含有很多氧化铁的成分，这样的水不宜饮用。位于里海和土库曼斯坦阿姆河之间的卡拉库姆沙漠，大部分区域遍地黑沙。把沙子叫作黑沙仅是因为它们的沙质相对肥沃。相反，克孜勒库姆沙漠则覆盖着红色土壤。这片沙漠的名字来自于乌兹别克语，卡拉意味着黑色沙子，凯奇尔意味着红色沙子。广阔的沙丘地区是古代白垩时期古地中海的剩余部分，咸海和里海也是其残余的部分。

在过去的地质时期里，里海曾与黑海相连。在更新世这一更近的时期里，它的面积变得更大，这可以从其长达100英里（约160 千米）的海滩贝壳积累物看出来。现在，因其被陆地所包围并成为内陆排水水系的中心，里海的面积在持续缩小，而且它的土壤对于植物来说含盐量过高。

由于天山和帕米尔山在一定程度上保护了亚洲中西部地区，使其免受西伯利亚干冷风的影响，这片地区可以在冬季得到来自大西洋的降水的滋润，降水量呈向东递减的趋势。卡拉库姆沙漠的大部分降水来自冬季和春季的气旋风暴，年均降水量可达4英寸（约100 毫米），这体现出地中海气候的特征。在伊朗西南边境的山脚处，年均降水量可达8英寸(约200 毫米)。春季的湿润土壤促进了植物的生长。夏季几乎没有降雨，这就使很多动植物选择休眠或减缓生长速度。北部的克孜勒库姆沙漠全年的降水量基本相同，平均都有5英寸（约125毫米），但从长远来看，降雨量仍然很少，因为在炎热的夏季降雨很快就蒸发了。由地表热度不均引发的沙尘暴很常见，每年大约要有60天。

温度体现了大陆性气候的影响，冬季气温随纬度而发生变化。沙漠的南部，特别是卡拉库姆沙漠，冬季很短暂，只偶尔出现降雪。1月份的平均低温在0℃左右。从12月到2月份都可能出现降雪，但是雪很少会长时间覆盖地面，因为冬季融雪很常见。北部克孜勒库姆沙漠比卡拉库姆沙漠更凉爽和湿润。0℃以下气温会持续四五个月，1月份的平均低温可达15~20℉（约-9.4~-6.5℃）。因为从北部吹来的风没有山脉阻隔，西伯利亚冷空气可以在冬季发动几次入侵，偶尔会使温度降至-15℉（约-26℃）。由于极地和热带气团之间的气旋风暴的影响，突然的天气变化在春季是很常见的。在短短几天之内，温度就可能从77℉（约25℃）降到冰点，霜冻可能一直持续到4月份。两片沙漠的夏季都很炎热，大多数白天的平均气温在80℉（约26℃）以上，100℉（约38℃）的日间高温也很常见。气温变化很大，白天和夜晚的温差有35℉（约20℃）。在极度炎热的天气里，地表温度可达到180℉（约82℃）。来自伊朗的热气团经常给卡拉库姆沙漠带来沙尘暴。里海附近和里海下风区受海洋影响，气候宜人。

卡拉库姆沙漠的大部分地区几乎没有植物，因为其土壤中含盐、黏土和沙石。白色含盐沙漠地区很贫瘠，但是黑色沙漠地区因为其土壤肥沃，可以生长草类。没有植物可以生长在移动的沙丘上。卡拉库姆沙漠和克孜勒库姆沙漠的所有植物只长着小叶片或没有长叶片。因为亚洲中西部沙漠只有在冬季末期才会出现降雨，选择在春季生长开花的植物最为重要。大约有100种一年生植物和地下芽植物（球茎）依赖冬季的水分为其在春季开花所用，大约有50多种植物选择在夏季开花。球茎类植物，如郁金香、大黄和百合等是主要植物。相似的情况是，大黄也可以从根茎部再生。属于芸苔科或是向日葵科的短寿命的草和一年生植物，主要生

咸水

来自里海的水注入卡拉博加兹戈尔湾,这是一个东部的海湾。高温使得海湾的水大量蒸发，特别是在炎热的夏季，海湾平面比里海要低几米，使得里海有更多的水流向这里。随着水分的蒸发，矿物质盐类不断地在海湾处积累。这种盐是有毒的硫酸钠，而不是氯化钠。在冬季，硫酸钠会在42°F（约5℃）以下结晶，这使得水面一片雪白。盐在夏季高温时会重新溶解。里海的渔业由于这里多余的盐分而无法进行。里海的内陆地区土壤中都含有盐分，因为风将大量含盐的空气向东吹去，高温又通过毛细作用将盐溶解在土壤表面。

长在三四月份，但是在5月末就干枯了。一年短寿命植物的构成要依据当年的温度和降水方式而定。

多年生植物种类与土壤类型有极大关系。大约400种亚洲中西部的植物生长在富含石膏的土壤中，特别是在由石灰岩构成的乌斯秋尔特高原上。很多种类，如走马藤灌木、六翅果及异子蓬属草本植物都是本地植物。霸王花、醉蝶花、厚岸草和苋属植物也是本地的植物。矮小的灌木还包括艾属植物，这些植物中有几种是多刺的。其他艾属种类属于草本植物。艾属、猪毛菜属的主要植物群系中生长着更多的植物品种，在地理学上与哈萨克斯坦更北部的植物群系不同。烟碱是常见的植物群系中的主导植物，与艾属和几种短命的球根莓系属的牧草、苔草属莎草和其他一年生植物生长在一起，特别是在山麓冲积平原地表水丰富的山脚处更能见到这些植物的身影。

沙漠，而不是移动的沙丘中，生长着很多植物种群，其中一半以上是本地特有的。亚洲中西部是沙拐枣属植物生长的中心，其中生长着30多种树木和灌木。这个植物种群在其他地方很少见。只有一个种群生长在撒哈拉沙漠，还有一些生长在高加索山区、伊朗和蒙古国。没有树叶或树叶很小的树木在沙漠中很常见。植物可以通过绿色的茎进行光合作用。卡拉库姆沙漠南部有很多树和高大灌木。两种琐琐碱（藜科的植物），分别为白色和黑色，生长在卡拉库姆沙漠南部的沙地中，白色的琐琐碱是沙漠的标志性植物。与莎草科植物共同生长在稳定沙漠中的琐琐碱，可以达到25英尺（约7.5米）高。它经常被羊啃食，但可以通过从根部重新生芽而存活下来。白色的琐琐碱生着小小的鱼鳞状叶片，而黑色的琐琐碱则没有叶片。

本地生的阿拉伯胶树的根长达50英尺（约15米），这样长的根能够使它深入轻微移动的沙丘中的深层水位线。这些树木可以长到30英尺（约9米）高，但是主干则只有3~10英尺（约1~3米）高。树冠由长长的树枝构成。每年中过冷或过热的时候，顶部的枝叶就会掉落。

几个种群，特别是俄罗斯蓟、碱蓬草和滨藜属植物，都生长在有浅层地下水的含盐土壤上。广泛分布的藜科植物，如欧洲海蓬和盐节木已经适应了具有高密度氯化钠的环境。大多数盐土植物都是多肉植物。黑琐琐碱生长在河边和含盐的冲积平原上。土壤的盐壳上只长有很少的植物或根本不生长植物。

当盐土植物在含盐平原上生存下来的时候，除了能忍受干燥的藻类、地衣和蓝绿藻可以生长在龟裂土的裂开的黏土表面以外，几乎寸草不生，它们大多时很荒芜。不含盐的泛滥平原季节性地受到雨水或来自山中的雪融水的滋润，维持着杨树、柳树和俄罗斯橄榄的生存需要。芦苇生长在长时间保有水分的地区。在洪水冲击不到的泛滥平原的边缘地带，柽柳靠地下水生长。

生长在黄土之上的植被是一年生的，覆盖了南部和东部的山麓，这些一年生植被主要是茎状类的莓系属牧草和厚茎的莎草。植物种群的组成随着地理形态而改变。这片地域大约有10个月的光景都是贫瘠荒芜的，在春季则成了封闭的草场，大概有45~50种植物，植物种类要依温度和降雨的情况而定。这些临时的牧场常用来养殖家畜，并为灌溉农业提供了良好的土壤。

克孜勒库姆沙漠主要是沙地，是植物区系从北部到南部的过渡地带。因为山的隔绝，大量的克孜勒库姆沙漠植物种群（大约有30%）是本地特有的。多年生的钾猪毛菜和艾属植物小灌木很常见，特别是在黏土上更常见。岩石地面上生长着白色的钾猪毛菜和烟碱。沙石土壤中生长着沙生小灌木丛，如肥优若藜和几种艾属植物，以及无叶沙拐枣、窄膜麻黄和沙生的小麦草。春季生的一年生植物种群没有南部沙漠丰富，郁金香是主要植物。能在含盐基质上生长的灌木和草本的钾猪毛菜以及碱蓬草都生长在含盐土壤中。

沙漠中的动物已经很好地适应了沙漠环境，它们身形足够小，只需要少量的食物和庇护空间。只有极少的种类能够适应夏季的高温，大多数小动物会在地下挖穴作为庇护，那里的温度更低，湿度也是地表的5倍以上。蜥蜴只需要在松弛的沙土中挖几英寸就可以找到凉爽的环境，挖洞，特别是在黏土质土壤中挖洞的另一个好处是，可以搅动土壤，使植物顺利生根。大多数生物在夜晚活动。很多小型的哺乳动物靠新陈代谢的水分生活，一些也可以饮用高盐度的水，这些动物都是沙漠特有的。一些有特点的动物现在已经很稀少了，并且还在继续消失，一些濒危物种只在保护区才有。我们对于克孜勒库姆沙漠中的动物所知甚少，但是估计应与卡拉库姆沙漠中的动物情况相类似。

一些大型有蹄类动物的种群（包括高鼻羚羊、野生羊和中亚野驴）——在遭到大规模猎杀之前都生活在沙漠中，现在却很难见到它们。现存的大型动物是瞪羚，它们赖以过冬的食物是莎草，野猪则在春季从泛滥平原森林沿阿姆河迁移，寻找球茎类植物作为食物。最常见的沙漠哺乳动物是长耳刺猬、长刺刺猬和托氏兔（见图3.9）。长耳刺猬在灌木下挖洞，并在那里单独生活，睡觉时会缩成一个刺球。它们喜欢昆虫，但也吃蛋和植物，甚至是蜥蜴。长耳刺猬是小型动物，最大能长到10.5英寸(约27厘米)，尾巴长2英寸（约5厘米)。长长的耳朵能够帮助它们在盛夏散失掉热量，尖利的刺能够保护它们逃脱捕食者的袭击。它们在夜里活动，为寻找食物一夜间可以行走5.5英里（约9千米)。托氏兔是棕灰色的动物，大约20英寸（约50厘米）长，长着长长的耳朵。这种动物在中亚地区很常见，喜欢生活在生长着灌木的自然环境中，夏季主要以草和种子为食，冬季则以树皮维生。

沙漠中生活着多种多样的啮齿类动物，包括沙鼠和几种跳鼠。两种常见的跳鼠长着粗腿和梳状趾头，在外表和生活习性上很像更格卢鼠。在阿拉伯橡胶树等灌木下的沙地上经常见到梳状趾头跳鼠的身影。它们后脚趾上坚硬的刚毛可以帮助其在沙地上挖洞穴。与其他洞穴有好几个

图3.9　长耳刺猬主要生活在亚洲沙漠中，包括阿拉伯沙漠、卡拉库姆沙漠、塔克拉玛干沙漠、准噶尔盆地和戈壁滩（比约恩·乔丹，沙迦阿拉伯濒危野生动物繁育中心提供）

出口的跳鼠不同的是，它们的洞穴只有一个出口。一旦危险来袭，这种小型动物可以因需挖掘一条逃生路线。它们在夜间活动，每天都可以新挖一个洞穴。虽然它们的前腿很短，长长的后腿却可以使它们跳到3.3英尺（约1米）高，10英尺（约3米）远。在12月份，跳鼠会挖一个更深、更耐用的洞穴，躲进其中开始冬眠，直到来年2月份地表温度重新升到64℉（约18℃）以上时为止。

沙鼠整年都很活跃，它们可以在复杂的地洞系统中储存食物。它们吃莎草的根茎及整个黑琐琐碱。大沙鼠不包括尾巴就可长达8英寸（约20厘米），是这个物种中最大的动物，它们生活在沙质山麓和黏土沙漠中。它们在洞穴中还会挖掘几个小洞，在地下深达8英尺（约2.5米）处，以家庭和种群为单位居住在一起。它们可以吃很多种植物，在农业地区会成为害虫。其他啮齿类动物还包括长爪地松鼠和生活在黑琐琐碱丛中的豪猪。

食肉动物中有一种红狐狸，这种动物在北半球很多生态环境中都很常见，还有两种家猫大小的野猫。尽管沙漠猫并不擅长爬树或在树间跳跃，但由于那里的琐琐碱树上有筑巢的鸟，它们仍生活在沙石地区。它们有特殊的适应沙漠环境的方式，如长着长而厚的毛来保护内耳免受风沙的袭击，脚掌上长着硬而韧的毛以增大摩擦力。它们在夜间活动，有灵敏的听觉，能够侦探到地下活动的猎物。它们的食物包括啮齿类动物、鸟类、蜥蜴，甚至蜘蛛和毒蛇。沙土里浅浅的洞穴可以使它们躲避夏季白日的炎热。沙漠猫因其稀少而成

刺猬幼崽

长耳刺猬刚出生时只长着稀疏的柔软的刺，但其成熟的速度却很惊人。在出生5小时后，刺猬幼崽的刺就会长到出生时的4倍长，两周后就会长出完整的粗糙坚硬的刺。尽管有母亲的喂哺，小刺猬在3个星期后就可以吃固体食物了。

为非法宠物贸易的一部分。与沙漠猫不同的是，兔狲生活在多岩石的沙漠地区，在那儿它们可以睡在岩石的洞穴里。它们最喜爱的食物是小型的啮齿类动物。与其他猫的条形瞳孔不同的是，兔狲的瞳孔是圆的。

克孜勒库姆沙漠的食肉动物还包括干草原雪貂和沙狐。雪貂因为身形较瘦，可以进入啮齿类动物的洞穴内捕捉猎物。沙狐广泛分布在亚洲中部和北部的沙漠、半沙漠地区，它们比红狐狸稍小，约20英寸（约50厘米）长，长着一条12英寸（约30 厘米）长的浓密的尾巴（见图3.10）。它们比大多狐狸种群更喜群居，有时在冬季会形成以家庭为单位的小型捕猎群体。它们没有固定的领地，可能会为了躲避冰雪天气而向南移动。虽然不是跑得最快的食肉动物，在夜间它们却可以向空中跃起，再猛冲向它们的猎物。

一种不多见的整年都不迁徙的鸟类——白脸山雀，以昆虫为食。白

图3.10　沙狐是一种生活在亚洲几个冷沙漠中的小型食肉动物，包括塔克拉玛干沙漠、准噶尔盆地和戈壁滩　(作者提供)

喉林莺是一种常见的莺鸟，也以昆虫为食，它们在南部过冬，只在亚洲度过夏季。常见的沙漠鸟类包括食虫目麦翁、以种子为食的黑喙沙漠雀科鸣鸟和条纹灌丛莺。沙漠云雀在岩石区很常见，以岩石缝隙里的种子和昆虫为食。大型的鸟类包括腹部黑色的沙鸡和乳色走鸻，这些主要是生活在地面的鸟类，包括金鹰在内的几种猛禽，主要以啮齿类动物为食。杂食性的灰颈渡鸦是主要的食腐动物，以各种腐肉、蛇和蝗虫为食。印第安秃鹫是只有33英寸（约85 厘米）长的小型食腐动物，也吃蛋类和小型哺乳动物。松鸦和波斑鸨数量虽稀少但可见。

几种飞龙属的蜥蜴是亚洲中西部典型的蜥蜴品种，这其中还包括几种沙蜥属蜥蜴，它们被如此命名是因为它们平坦的头部像北美洲的有角蜥蜴。这些蜥蜴在沙漠和岩石地区都很常见，它们的脚趾有蹼，可以增加踩在沙上的摩擦力。壁虎种群包括裸趾虎和漠虎。石龙子也很常见，其他爬行类动物包括切尔诺氏蛇蜥、黑眼蜥蜴和更大的沙漠怪兽蜥蜴，可达45英寸（约120 厘米）长。典型的蛇有剑蛇和眼镜蛇。很少见到沙漠龟，它们在一年中的大多数时间里都不活跃，只是在春末一年生植物开始发芽的时候才爬出洞穴，以躲避炎热的夏季和寒冷的冬季。

亚洲中北部 亚洲中北部是一系列被高山隔绝而形成的盆地。河流通常是内陆河，形成了广袤的冲积扇和山脚下的山麓冲积平原。高山的雪融水在盆地边缘形成河流，但是这些河流都没有流向大海，而是渐渐消失在盆地内部或者是宽广的沙丘，或者是盐湖平原。尽管每个盆地都有各自的特点，它们所拥有的很多植物种类却十分相似。典型的沙漠植物有锦鸡儿灌木和岩黄芪属阔叶草类，沙石高原上主要生长着几种灌木，包括霸王树、俄罗斯蓟、麻黄松、厚岸草和艾属植物，含盐土壤中生长着盐爪爪、藜科灌木和柽柳。

亚洲中北部：塔里木盆地、塔克拉玛干沙漠和吐鲁番盆地 塔里木盆地面积达15.5万平方英里（约40万平方千米），大致在北纬35°～北纬

45°的中国西部地区。它三面环山，天山在北，帕米尔山在西，昆仑山和西藏高原在南。东部是塔里木盆地与蒙古高原毗邻处的一片开阔地。西部海拔最高，有4500英尺（约1400米），向东逐渐降至2500英尺（约780米）。在南部，沿四周环绕的山脉基部倾斜而下的石质冲积扇的面积更为广阔，由于昆仑山区的大量降雨，增加了径流量。尽管这个盆地中的降雨很少，而且只有内陆河，但是每当有泉水从冲积扇中涌出时，像喀什噶尔这样的绿洲就会出现在它周边的地区。西部和北部有塔里木河流过，这条河流从西向东流经1200英里（约2000千米），最终注入罗布泊盐湖。源自高山的季节性冰川和雪融水以及很低的倾斜度，使其流域发展成为宽广的、河道交织的泛滥平原。盆地的大部分地区（85%）覆盖着大型的高达330~660英尺（约100~200米）的移动沙丘，这就是塔克拉玛干沙漠。这里流经冲积扇的地下水可能只在沙下不到5英尺（约1.5米）处。塔里木盆地的东部分支是吐鲁番盆地，两片广袤的灌溉绿洲——吐鲁番和哈密，盛产葡萄和其他水果。吐鲁番盆地最深处在海平面以下505英尺（约154米）处。

被高山环绕的地理位置使这片地区成为亚洲最干旱的地方。由于强烈的西伯利亚高气压阻止了湿润气流的进入，这个地区的冬季和春季都很干旱。夏季降雨来自于东部群山环绕之间透出的隙缝，因此，位于帕米尔基部的有较高海拔的盆地西部经历了山岳形态的降雨。这片区域东部的年均降水量是0.4英寸（约10毫米），而西部的喀什噶尔则增加到2.2英寸（约55毫米）。这里的气候从气温的角度来看，呈现出强烈的大陆性气候特征。7月份的平均气温是75~80℉（约24~27℃），但最高气温超过105℉（约40℃），而相对湿度只有2%~3%。中国有记录以来的最高温度118℉（约47℃）就来自于吐鲁番盆地。冬季寒冷，1月份平均气温为15~20℉（约-9~-6℃），但由于这片区域受到西伯利亚极地气流的影响，绝对低温可能还要低得多，中国有记录以来的最低气温就产生在这里。强风经常会影响到交通，冬季的强风与西伯利亚高气压有关，而夏季的强风则来自于周围山脉的下坡风（重力风）。高达14750英尺（约4500 米）的沙尘云可以持续几个星期，甚至是几个月，这时能见度降低至0.6英里（约1 千米），有时则可能只有160~330英尺（约50~100 米），沙尘在盆地西部的较低山坡处沉积成黄土。

植物种类不多。塔里木盆地只有120种植物，并且没有本地生植物。冬季降雨稀少甚至没有降雨的情况，使很多一年生植物在极度干旱的环境中难以生长。这里生长着四种主要的植被类型：位于盆地周围的山脉基部的冲积扇的砾石山坡上生长着少数的低矮灌木，包括麻黄松、霸王树、裸果、合头草、厚岸草和红砂属植物，覆盖率不足5%。意为“有去无回”的塔克拉玛干移动沙丘，大部分都很贫瘠。偶尔可以看见一些矮小的沙生植物（适于在沙漠中生活的植物）的身影，如矮小的柽柳或黑琐琐碱树，以及白刺、塔里木沙拐枣和枸杞等。草本植物有花花柴（向日葵科）和高大的三芒草。这片沙漠中生活着几种同样可以在亚洲中西部沙漠中生存的沙生植物，但是塔克拉玛干沙漠中的植物群系与邻近的戈壁沙漠则没有相似之处。柽柳和芦苇可以生长在沙丘之间有浅层地下水的地方。古老河道和土壤含盐的三角洲中生长的植被与生长在沙丘中的植被相类

葡萄和葡萄干

亚洲干旱的内部地区看起来像是一个适宜生长葡萄的奇异的地方，这种水果本来更适宜生长在温带气候区。土地需要得到灌溉，但是干旱、阳光充足的夏季很适于葡萄天然风干成葡萄干。然而，冬季的低温则超出了这种植物所能承受的范围。为了使这种水果避免冻死，即使它们可以在冬季休眠，农民也要将每条葡萄藤都埋入土壤里，这样就使植物与严寒隔离开来，为植物度过寒冬提供了足够的保护。

似，这些植被中还包括碱蓬草和含盐一年生植物，能够适应高盐度环境的黑琐琐碱是塔里木河附近干旱地区的主要灌木。罗布泊干旱湖是贫瘠的盐壳。与沙丘上植物稀少的情况有所不同的是，盆地边缘的河流泛滥平原和绿洲中生长着茂密的杨树和榆树森林，其他常见的树种还包括小二仙草属植物、柽柳和俄罗斯橄榄，芦苇生长在积滞水边。大部分原来的林区已被开发成灌溉农业区。

尽管环境干旱，植被稀疏，塔里木盆地的山区中仍生活着少量的野生双峰驼种群和亚洲野驴种群。双峰驼曾一度广泛地分布在亚洲沙漠中，据现在估计只有500峰野生双峰驼生活在塔克拉玛干，主要是在罗布泊的东部。家养骆驼的数量大约有200万峰，它们体积庞大，体重可达2000磅（约900千克），与单峰骆驼还是有很多相似之处，例如都能够忍受高温和缺水的环境，不仅如此，它们还可以忍受寒冷。它们的体温可以降低至86℉（约30℃），冬季可以长出长而蓬松的毛，在春季脱落。与它们生活在暖沙漠中的伙伴相似：它们也可以饮用微咸的水。它们经常以6~20峰为一个种群，由一峰雄性骆驼带领，在中国的其他地方，这种动物已经不存在。

大多数动物生活在盆地边缘靠近河流的地区，而不是沙丘的中部。塔里木红鹿以河边芦苇丛作为遮蔽，这里还生活着沙漠水獭，野猪经常在河谷的灌木丛中出没，稀少的西伯利亚鹿生活在塔里木河泛滥平原上，瞪羚群偶尔会在开阔地出现。长耳刺猬、子午沙鼠和北部三脚趾跳鼠是常见的小动物，塔里木野兔是本地特有的动物，凤头百灵和白尾地鸦是常见的鸟类，其他鸟类，如棕尾伯劳、紫翅椋鸟、灰斑鸠和山鹛也很常见。有时毛腿沙鸡在冬季会向南迁移，这是依降雪量的多少而定。红狐狸和沙狐是常见的食肉动物，主要以啮齿类动物为食。草原雕以啮齿类动物、蜥蜴和蛇为食，也吃腐肉。青海沙漠蜥蜴很常见。

亚洲中北部：准噶尔盆地　准噶尔盆地的南面是天山，北面是阿尔泰山，西邻戈壁沙漠，北接塔里木盆地，大致在北纬45°~北纬48°。海拔1600~3300英尺（约500~1000米）。准噶尔盆地比塔里木盆地湿润，降水量呈全年均匀分布的态势，夏季降水会稍微多一些。南部位于天山山脚的乌鲁木齐，年降水量有10英寸（约250毫米）。尽管没有气象记录来证实，但盆地的中央也更干旱一些。

主要的植被与亚洲中西部沙漠类似，主要生长着琐琐碱，但是亚洲中北部（蒙古高原）的元素在这里也有体现。典型的植物是灌木——厚岸草、烟碱、白琐琐碱、黑琐琐碱、俄罗斯蓟等，一年生植物很少见。盆地的北部边缘遍布裸露的岩石和碎石，沉积在阿尔泰山脉下的冲积扇上。南部边缘也是在天山的北部岩石山坡。中央部分面积最大，是生长着琐琐碱的沙漠区，然而，东部高原上却生长着嵩属植物和俄罗斯蓟灌木。在盆地的大部分地区，这两种类型的琐琐碱是最为常见的植物，在沙土和岩石表面都可以生长，但是在盆地的最东部边缘，它们却无法生长。白琐琐碱生长在沙地上，黑琐琐碱在戈壁沙漠更为常见，与膜果麻黄一起生长在多岩石土壤中，黑琐琐碱也可以与红砂、柽柳和肥优若藜一起生长在沙土与冲积物相混合的含盐土壤中，郁金香和野生大黄是典型的球茎类植物。

北部和西北部地区的植物与哈萨克斯坦的克孜勒库姆沙漠相似，生长着琐琐碱树和烟碱、小蒿、地白蒿和沙蒿，白皮锦鸡儿和沙拐枣则生长在东部。最低处是艾比湖盆地，这是一个含盐沙区，生长着白琐琐碱、高大的三芒草、膜果麻黄、厚岸草和博乐蒿。我们对这片区域的中心区所知甚少。

最为丰富的动物种群是啮齿类动物，包括鼠兔属、仓鼠和几种地松鼠以及跳鼠。郑氏沙鼠是一种当地特有的物种。现存的有蹄类动物包括赛加羚羊和瞪羚。野生的巴克特利亚骆驼和野猪也还存在。主要的食肉动物是虎鼬和沙狐。关于这片地区的鸟类信息很少，其情况大概与邻近

图3.11　虽然草原鹰在冬季会迁徙，但在亚洲所有的冷沙漠中都很常见，它们有时以小鸟为食，在准噶尔盆地和戈壁沙漠中都能见到哈德森地面松鸦的身影　(达希泽维格提供)

的沙漠相类似。哈德森地面松鸦是常见鸟类。草原鹰是大型的猛禽，可以捕食啮齿类动物和鸟类，但仍主要以腐肉为食（见图3.11），可在亚洲中部几个沙漠中发现它们的身影，作为迁徙鸟类，它们选择在非洲或印度过冬。两种典型的爬行动物是戈壁壁虎和宽尾壁虎。

亚洲中北部：戈壁沙漠　戈壁沙漠位于中国内蒙古自治区北部及蒙古南部，大致在亚洲中部北纬40°~北纬50°。戈壁一词的含义在蒙语中是卵石平原，指沙漠和干草原（草地）。主要地形为海拔3300~4300英尺（约1000~1300米）的高原，由于细小的泥土和沙子被风吹走，露出了沙漠砾石表层。细小的物质被西风裹挟着千里迢迢地来到中国黄河以东地区，以黄土的形式沉积下来。

由于这片区域冬季处于西伯利亚高气压的影响之下，降水主要集中在夏季，年均降水量为5英寸（约125 毫米）。西部地区是最干旱的，有时一年都没有降雨。不像其他的亚洲中部沙漠那样处于高山环抱的盆地之中，戈壁沙漠北部完全暴露在寒冷的北极风的影响之下。1月份的平均气温只有0℉（约–18℃），冬季晴朗的天空透射出的强烈的太阳辐射能使温度上升至冰点以上。薄薄的雪层难以使土壤得到滋润。雪升华进入冬季干燥的空气之中而没有在土壤中溶解。夏季降雨没能渗入密实的多岩石土壤中，增加了径流量并造成了腐蚀。

戈壁沙漠的主要植物是低矮的藜科灌木，如厚岸草、琐琐碱、俄罗斯蓟、合头草和苋属植物。其他科的灌木包括红砂（撑柳）、白刺（霸王树）、锦鸡儿（豆科）、沙拐枣（蓼科荞麦属）和艾属植物（向日葵科）（见图3.12）。最典型的灌木是猪毛菜，茂密地生长在戈壁沙漠所有地区的砾石上。黑琐琐碱是沙漠地区最常见的植物。位于沙漠区北部的半沙漠区或者沙漠干荒草原，是向干草原过渡的地区。最常见的是其间生长着百合球茎类植物的针茅植物群系。一年生植物在初夏的第一场雨到来后开始生长。绿洲很少见也很小，其间稀疏地分布着白杨树和柳树。含盐土壤上生长着草本植物，如芦苇、芨芨草、银叶花、碱蓬草、厚岸草和灰绿藜。绿洲边缘的沙漠灌丛沙堆中生长着灌木撑柳、黄杨木、黑琐琐碱和白刺。

蒙古野马

普氏野马，也叫蒙古野马，是家养马的祖先。自从20世纪60年代末期以来已从旷野中消失的蒙古野马，已经成为全世界在保护野生动物方面为之努力的目标。驯养的蒙古野马的数量，从最初的13匹，成功繁育到现在生活在蒙古国的60匹。

戈壁沙漠的不同地区具有很多基本相同点，动植物只在细节上有细微变化。戈壁东部位于北纬40°～北纬46°。北部是干荒草原，主要生长着针茅或柠条和艾属灌木。依据山坡朝向和土壤类型的不同，各地区生

化 石

今天在几千米长的岩石地带上很少见到植物或动物，但是对其过去的地质纪录却显示这里曾生活过很多动物。这些沉积岩中蕴藏着丰富的乳齿象、犀牛、野猪甚至是更早期的恐龙和蛋的化石。1923年，在戈壁沙漠中发现了一巢恐龙蛋化石。因为它们与恐龙骨骼之间有联系，所以它们第一次证明了恐龙的繁殖方式——这是一个了不起的科学发现。

图3.12 遍地生长着灌木丛是戈壁沙漠的典型特色，但在夏季，这片沙漠将会被像鸭蒜一样的一年生球茎类植物所覆盖 （U.巴雅尔赛汗提供）

长着不同的植物种群。位于乌兰巴托的西南部的戈壁——阿尔泰地区是沙漠山地，在低矮的山坡上生长着典型的沙漠和沙漠干草原植被。戈壁西部是中亚最干旱的地区之一，年降雨量只有0.7英寸（约18毫米）。气候极具大陆性气候特征。昼夜温差可以达54℉（约30℃），冬夏温差可达126℉（约70℃）。总体讲，戈壁西部主要是山区，但是位于最西端的准噶尔戈壁，则是拥有很多可以从阿尔泰山得到季节性降雨的干旱盐湖的平原。蒙古国西部的大湖区位于阿尔泰山西南部和杭爱山脉东北部之间的盆地中。尽管背风坡的降雨很少，这片区域既有淡水湖又有咸水湖，因为有从山上流下的径流注入其中。冬季也寒冷得多，最低气温可降至-54℉（约-48℃）。准噶尔戈壁和大湖区是两个很重要的区域，因为这两个区域中生长着来自准噶尔盆地和亚洲中西部的植物群系，特别是烟碱、白茎绢蒿、无叶猬藜和其他一些植物。大湖区的植物种群依据盐度的不同而发生变化。

戈壁是一些稀有动物的家园,如吉尔吉斯草原野驴、赛加羚羊、亚洲瞪羚、虎鼬和野生双峰驼等。野生的蒙古马被再次引进沙漠。啮齿类动物是最常见的哺乳动物，在干荒草原中较多见，而在沙漠中则较少。动物种群特别庞大的是跳鼠、沙鼠和低矮的仓鼠，各自生活在不同的领地中。蒙古沙鼠以15~20只为一族群，被一只雄性沙鼠统领。尽管皮毛很薄，油却可以帮助它们吸收阳光，保持体温。然而，这

猎鹰训练术

猎鹰可以以时速200英里（约320千米）的速度俯冲来捕捉生活在地面上的啮齿类动物。尽管猎鹰没有天敌，但是当它们冬季从沙漠北部迁徙到中东地区时，却成了中东放鹰者的最爱。未成年雌性猎鹰是放鹰者的首选目标，但由于其数量越来越稀少，现在成年和未成年的猎鹰都同样遭到捕捉和贩卖，这一行为严重威胁着野生种群的繁殖。波斑鸨是猎鹰最喜爱的食物，其生存也受到了威胁。在猎鹰的中东越冬地中，放鹰者用波斑鸨来训练猎鹰。

种动物会在一年或一天中最热和最冷的时候变得不活跃。它们以艾属植物、猪毛菜和草为食。黄鼠是地松鼠的一种，和鼠兔一起生活在沙漠干荒草原区而非沙漠区。沙狐和虎鼬以多种啮齿类动物为食。

具有特色的鸟类包括越来越稀有的波斑鸨。毛腿沙鸡、哈德森地面松鸦和欧石鸡是常见的地面鸟类。大石鸻在夏季以盐湖中的昆虫和甲壳类动物为食，并在那里繁殖下一代，但是它们却在更远的南方过冬。髭兀鹰，也叫胡兀鹫，以腐肉为食，尤其喜欢吃骨髓。这种鸟会将骨头带到高空中，然后再摔到地面上使其破碎。秃鹫，也是一种食腐动物，是大型鸟类，有3.3英尺（约1米）长，翅展开达9英尺（约3米）。这种鸟可重达27.5磅（约12.5千克）。草原雕是另一种常见的猛禽和食腐动物。

戈壁沙漠的爬行动物很少。麻蜥属蜥蜴和一种宽额头的变色沙蜥，在沙漠区和沙漠干草原中很常见，但是新疆鬣蜥只生活在沙漠中的花岗岩区域。尽管夜间温度很低，一种叫作蛙眼守宫的宽尾壁虎，可以通过将自己的体温降到比白天的体温低得多的方式来在夜晚保持活跃状态。

第四章
西部海岸雾沙漠

世界上很多海岸地区都分布着沙漠。撒哈拉沙漠的部分地区，阿拉伯和亚洲西南部的沙漠都毗邻海洋，尤其毗邻红海和波斯湾。像内陆地区的沙漠一样，海岸地区的沙漠也少云、少雨或少雾，主要的区别是稍许温和的气温和较高的湿度。本章主要讨论的是由沿岸的寒冷洋流所引致的多雾及冬夏气温较温和的西部海岸雾沙漠。寒冷洋流使水汽从极地地区流向赤道。在南北两半球纬度约在8°~33°的地区，寒冷洋流靠近陆地的西海岸。在寒冷洋流向西流入大海的地方，水温加剧寒冷，这就使更深层甚至更寒冷的海水上涌。下加利福尼亚、秘鲁、智利和非洲西南部的西部海岸尤其受到影响。讨论雾沙漠似乎有些奇怪，其实关键的概念是降雨稀少。尽管多雾，大多数的动植物还是必须适应干旱的气候条件。

气候环境

这些寒冷的海岸沙漠降雨稀少，因为它们经历了能够形成雾的逆温。正常情况下气温是随着高度的增加而降低的，但出现逆温时情况则正好相反。近地面比较寒冷，气温则会随着高度的增加而升高。逆温可由不同现象引起，但在这些海岸沙漠中最普遍的原因就是水平对流。水平对流指的是水平方向流动的空气，或仅仅指风。水会蒸发到温暖的空气中，尤其是在空气和海洋都更为温暖的夏季。西风把温暖潮湿的空气吹到寒冷洋流的上空。暖空气的底层由于与寒冷洋流接触而变得较为寒冷，形成冷空气在下而暖空气在上的平流逆温。这样，寒冷洋流上空较冷空气中的水汽就会凝结成雾，西风会把较冷的空气和雾都向东吹到陆地上。上层空气中所含水汽稀少，又因地面温度不高，不会产生对流使地面的潮湿空气上升形成云。

内陆地区的夜晚会有雾，这是由白天所吸收到的太阳能的再辐射造成的。夜晚，来自地面的辐射将能量传导回空中，这就使地表的空气冷却，从而形成辐射逆温。如果近地面的空气温度足够冷却的话，水汽就会凝结成液滴，形成雾。在海岸旁有山脉的地区，被迫沿山坡上升的潮湿空气可以形成山岳雾或上坡雾。这样的凝结或雾气环绕着地面，不会向更高处形成云，因为冷空气很稳定，易于下沉而非上升。秘鲁的浓湿雾就是上坡雾的例子。距离海洋达30~60英里（约50~100 千米）或较远内陆由于远离海洋和寒冷洋流的缓和效应，温度更高而湿度更低。由于太过温暖而不会形成雾，而且气候开始向暖沙漠过渡。位于极地地区的西部海岸沙漠雾气最重，越靠近赤道雾越少见，雾既可在地表出现又可在稍高处出现（低空云）。

尽管位于热带或亚热带地区，西部海岸沙漠也是终年凉爽，有60~70℉（约15~21℃），仅有稍许季节性变化（见图4.1）。由于寒冷洋流的直接影响以及频繁下雾，遮住了很多太阳辐射，那里终年凉爽。越遥远的内陆地区，气候就越具大陆性，温度也越极端。最温暖月份的平均气温为80℉（约26℃），最寒冷月份的平均气温为60℉（约15℃）。最低温通常都在0℃以上，尤其是沿海岸地区。

西部海岸雾沙漠通常在降雨量的多少上存在季节性。极地地区冬季水量最多，而赤道地区夏季水量最多。极地与赤道中间区域的沙漠在降水量和季节性上则更具多样化。在最温暖的季节里，一些内陆地区可能

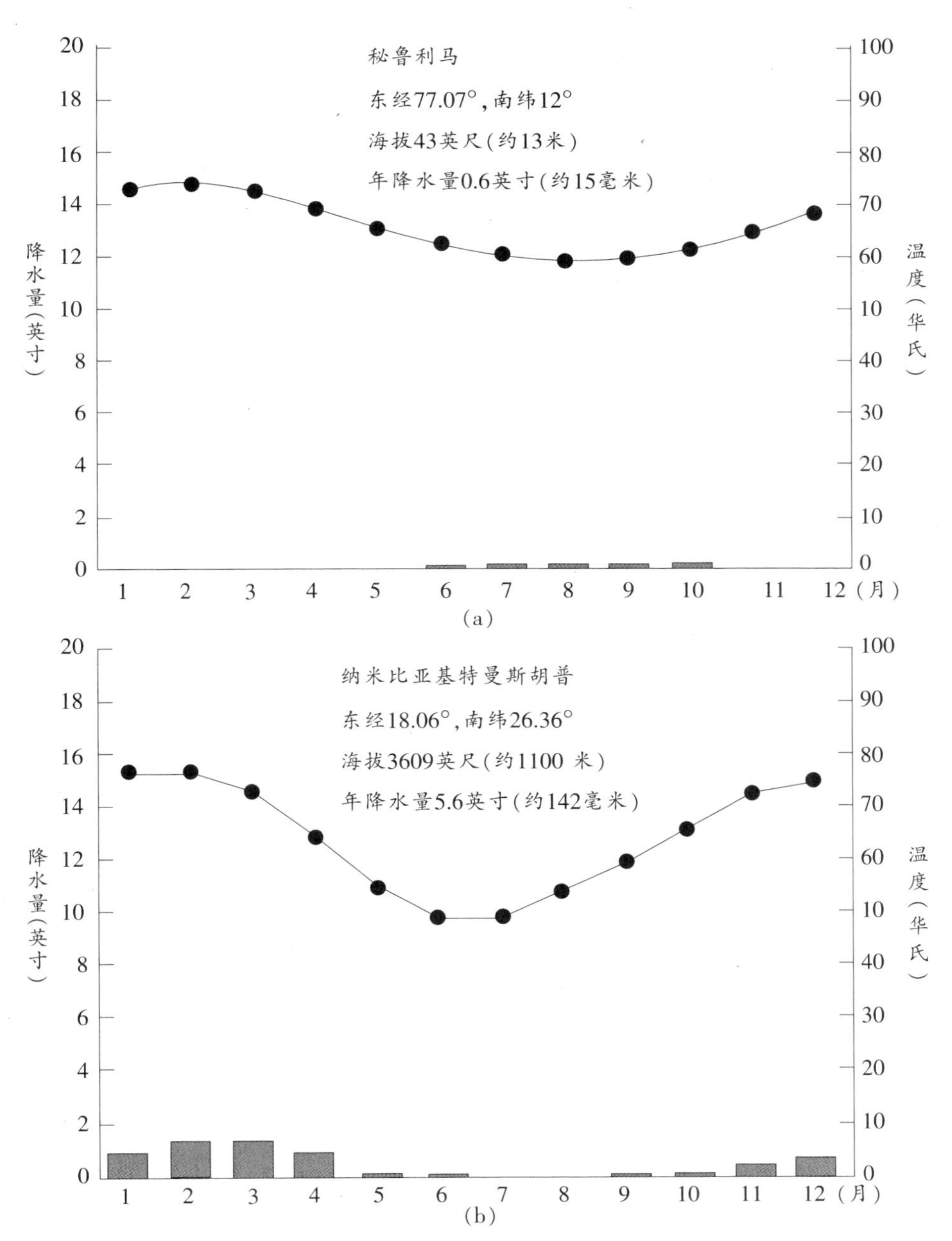

图4.1 (a) 秘鲁首都利马的温度状况受到海洋缓和作用的影响，是典型的海岸沙漠；(b) 纳米比亚的基特曼斯胡普因其处于气候更具大陆性特征的地区而温度有更大的多变性 (杰夫·迪克逊提供)

会出现由较高的夏季气温所引起的对流性暴雨。

因为寒冷的气候条件占主导地位，大多数的动植物基本不需要适应高温。栖居于内陆地区的生物群落是例外的情况。然而，干旱和盐分仍旧是构成沙漠的要素，许多动植物都依靠雾滴来满足对水的需求。

西部海岸雾沙漠的分布

北美洲的雾沙漠

比斯卡伊诺沙漠 比斯卡伊诺沙漠位于北纬26°~北纬30°的下加利福尼亚西部海岸上，生活于其中的许多动植物类属甚至物种都与索诺兰沙漠的其余部分相同，但被弥散的海岸雾气与其他部分隔绝开来（见图4.2）。取决于风向和地形，雾气向内陆延伸的距离是变化无常的，从3英里到40英里不等（约5~65千米）。索诺兰沙漠的其余部分都生长着小型树木和圆柱状仙人掌，与之形成对比的是，比斯卡伊诺沙漠遍布着高大的肉叶植物、龙舌兰属、丝兰属和拟石莲花属植物。由全新世的地质变化所形成的弧形列岛或半岛，使下加利福尼亚在地理上处于封闭状态，因此有超过20%的植物物种是当地特有的。

尽管靠近海洋，可在副热带高压和寒冷洋流的共同作用下，降水仍然稀少，每年只有4英寸（约100毫米）。冬季和初春时节，由零星气旋风暴所带来的降雨雨量最大，但因年份不同，其变化也极大。偶然的夏季降雨可能与少见的西部海岸飓风有关。因其地形是西部开阔，在春季和夏季，持续至上午的夜雾能够向内陆延伸达到海拔3300英尺（约1000米）的高度，或远至4英里（约6千米）处。某些地区的雾气或很高的湿气可能向内陆延伸至30英里（约50千米）处。7月和8月是雾气最大的月份，因为夏季太平洋最温暖，与寒流的交锋更激烈，由雾气带来的水分的多

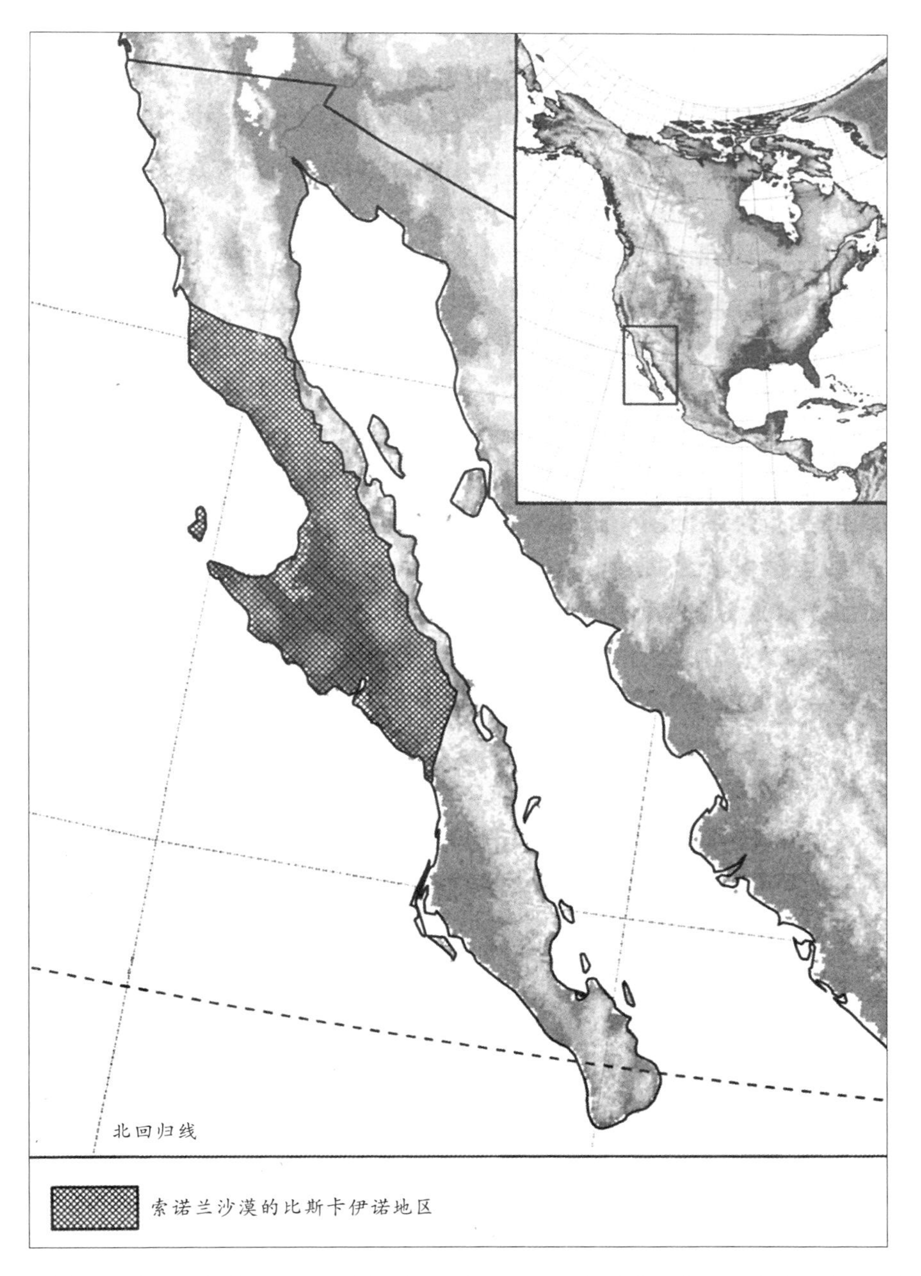

图4.2　比斯卡伊诺沙漠主要毗邻下加利福尼亚州的西海岸，是索诺兰沙漠中的多雾地区　（伯纳德·库恩尼克提供）

少很难量化，但是进入土壤中的雾滴以及被植物直接吸收的雾气在一定程度上缓和了因缺少降雨所带来的旱情。无论是否下雾，海岸的强风都会影响植被，要么使某些植物只能生长在背风坡和沙丘上，要么就会阻碍和限制其生长发育。以大象树为例，它们在多风的海岸地区会生长得奇形怪状，然而在内陆地区却会生长得很挺拔。在一些地区，山的迎风面可能会光秃秃的或仅覆盖着一层地衣。

与地处亚热带地区的具有大陆性气候特征的沙漠比较而言，比斯卡伊诺沙漠由于位于海岸地区，又有能把海洋的影响带往内陆的寒流和西风，所以气温温和。夏季平均气温比索诺兰沙漠的其他地区平均低10℉（约5℃）。比斯卡伊诺沙漠夏季平均气温在72~80℉（约22~27℃）。冬季气温在52~65℉（约11~18℃），比索诺兰沙漠位处内陆的沙漠地区更为温暖。

从海岸到内陆的明显的温度和湿度梯度影响着植被。从海岸到内陆区40英里（约65千米）处是灌木状地衣的天下，到此处为止，它们就被叶状及壳状地衣和更高纬度的植物形态所取代。附生的凤梨科铁兰属植物青球苔（虽然并非苔藓，仍被称作球苔）在多雾的海岸地区尤为多见。土壤干旱，风以及盐沫限制了大多数植物的生长，面向海岸的悬崖和陡峭的山坡成了附生地衣群落的乐园。其他常见的地衣还包括海石蕊科的染料衣属和其他属地衣，以及树花科的涅布拉属和树花属地衣。树花科地衣形态最为多样。黄枝衣属地衣也值得关注。前文中介绍过的来自非洲西南海岸的冰叶日中花在这里也生长得很好，证明两地的气候条件具有相似性。

比斯卡伊诺沙漠的大部分地区是宽广多沙的山谷，其余是坡度和缓的山麓冲积平原或旷野，以及偶见火山台地或火山渣锥的低矮山丘。盐碱地区域广大，植被稀疏。比斯卡伊诺沙漠遍布肉叶植物，尤以龙舌兰、长生花和帕尔马丝兰最为多见。在加利福尼亚半岛可以发现23种龙舌兰属植物，而比斯卡伊诺沙漠是其中几种的大本营，像蓝色龙舌兰和阿韦利亚内达龙舌兰，这些通常都是在其分属的群落里占据主要地位的植物。依赖其土壤类型，几种豚草属植物与龙舌兰属植物生长在一起，使比斯卡伊诺沙漠有龙舌兰沙漠的称号。一些大型和小型的仙人掌也很常见。

虽然比斯卡伊诺沙漠数千米内都生长着相似的植被，但根据与海岸的距离、培养基以及土壤渗透性的不同，也生长着一些独特的植物群落。这一地区见到最多的植物是巨型仙人掌、布胶树（又被称作圆柱木）、大象树、龙舌兰和帕尔马丝兰（见图4.3）。巨型仙人掌高达70英尺（约21米），重达25吨，是世界上最大的仙人掌。布胶树因其高度15~50英尺（约4.5~15米）和其不同寻常的生长方式而引人注目。它粗粗的树

图4.3　下加利福尼亚州索诺兰沙漠比斯卡伊诺地区的典型植物包括高大的布胶树，仙人掌如阿格利亚火龙果（左）、圣妮塔仙人掌（中），以及巨型仙人掌（右，背景处）（作者提供）

干直径达1~3英尺（约0.3~1米），其上长出带有短刺的树枝，从底部到顶部长达1~2英尺(约0.3~0.6米)。像其亲缘植物墨西哥刺木一样，布胶树是干旱落叶树，当雨水充沛时会长出叶子，处于干旱期时叶子又会落下。酒瓶兰又矮又胖，树干肥厚，树枝短小。帕尔马丝兰有丝兰的3倍大，高达23~33英尺（约7~10米），它的根需要深扎进土壤中获取支撑。相比之下，龙舌兰，一种北部和沿岸地区常见的龙舌兰属植物，为了能够更好地从雾滴中吸收水分，却可以生长出虽浅却大面积蔓延的根系。

远离雾气的典型内陆植物主要是灌木，包括圣地亚哥白毛茛，加州希蒙得木、荞麦灌木和杂酚油灌木，它们与肉叶植物帕尔马丝兰和沙漠威廉斯仙人球相伴而生。乔利亚掌和大型仙人掌的身影也被发现。极度干旱的内陆地区只适宜生长小型灌木，诸如豚草属植物、牛滨藜、杂酚油灌木、枸杞和仙人掌阿格利亚火龙果。除一年生植物外，草地难得一见。为了呼应冬季降雨，大多数一年生植物都选择在冬季生长。在北部很罕见的植物，越往南就越多见，是布胶树、巨型仙人掌、龙舌兰、沙漠威廉斯仙人球和马格达莱纳豚草属植物的天下。南部生长着很多仙人桶、圣妮塔圆柱状仙人掌。酒瓶兰树、墨西哥刺木的数量也有所增加。蓬塔普列塔附近，比斯卡伊诺沙漠中部地区的玄武岩土壤上生长着龙舌兰–布胶树群落，这里到处是低矮的蓝色龙舌兰和高大的布胶树，使林地呈现出一片开阔的景象。蓝色龙舌兰是加利福尼亚半岛最为常见的龙舌兰属植物，几乎仅限于在比斯卡伊诺沙漠生长。布胶树是比斯卡伊诺沙漠和墨西哥本土的加州湾沿岸局部地区特有的植物。在比斯卡伊诺沙漠中部重叠分布着两种墨西哥刺木，这也体现出降水的季节性趋势。藤蔓仙人掌这一北部常见物种，在冬季降雨后开花，而南部的蜡烛木在夏季降雨后开花。比斯卡伊诺平原的主要植被是帕尔马丝兰和马格达莱纳豚草属植物群落。比斯卡伊诺沙漠南半部含盐的沿岸沙洲上主要生长着低矮的盐生灌木帕尔马瓣鳞花和滨藜。龙舌兰和其他的灌木或树木都不能在含盐的土壤中生长。当难得一见的降雨过后，几种一年生植物，诸如美洲万点金、匍匐美女樱、巴塔哥尼亚车前草属和三芒草等可能会出现。

比斯卡伊诺沙漠有很多哺乳动物、鸟类和爬行动物的品种，与其他北美洲沙漠，尤其是索诺兰沙漠的品种相同，但由于它相对与世隔绝的地理位置，仍然存在明显的差异。常见的与其他地区相同的哺乳动物包括小狐、郊狼、黑尾长耳大野兔、狡林鼠、梅氏更格卢鼠。狩猎已经极大地减少了长耳鹿和沙漠大角羊的数量。鸟类包括栗翅鹰、棕曲嘴鹪鹩、本迪矢嘲鸫、穴鸮、吉拉啄木鸟和黄扑翅鴷。爬行动物包括美洲沙蜥、斑尾蜥、横纹鞘爪虎和两种角蜥。比斯卡伊诺沙漠特有的哺乳动物是下加利福尼亚岩黄鼠，以及鼠类中的两个品种，圣金廷和比斯卡伊诺。虽然加利福尼亚鹑已把领地向北扩展到加利福尼亚的其他地方，但在索诺兰沙漠的其余区域难见其踪影。比斯卡伊诺沙漠特有的爬行动物包括橙喉健肢蜥、沿海鞭尾蜥以及红宝石响尾蛇。相比之下，很多索诺兰沙漠所特有的动物在比斯卡伊诺沙漠中却消失无踪。

南美洲的雾沙漠

从塞丘拉沙漠蔓延至智利的北部，在南纬5°~南纬30°，是南美洲海岸沙漠的部分地区，这里分布着世界上最为干旱的一些区域，因为它们处于安第斯山脉的雨影区，受到寒冷的洪保德海流的影响（见图4.4）。洪保德海流上空逆温的影响远至内陆区60英里（约100千米）处。除沿河道处或有雾气的地方以外，这一区域的许多地方都几乎寸草不生。

年平均降水量少于2英寸（约50毫米），一些地区很少降雨。秘鲁的特鲁希略年平均降水量0.2英寸（约5毫米），而智利的伊基克更为干旱，年平均降水量只有0.05~0.1英寸（约1~2毫米）。根据气候和植被，可以识别三个主要的沙漠。南纬8°以北是塞丘拉沙漠，那里只有在12月份发生厄尔尼诺气候现象时才会带来降雨，因为温暖的海水取代了原本寒冷

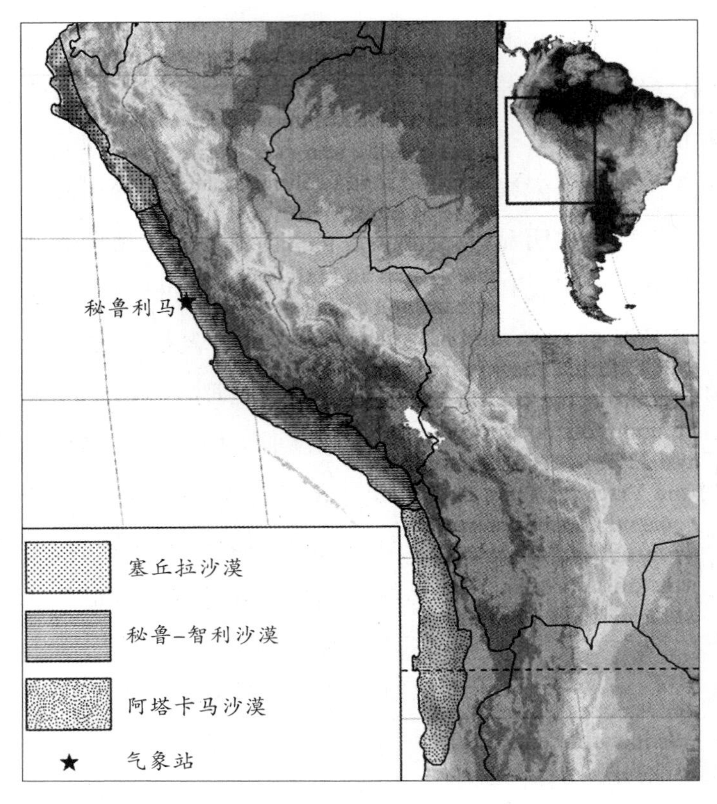

图4.4　南美洲的西部海岸雾沙漠从厄瓜多尔的南部延伸至智利的北部　（伯纳德·库恩尼克提供）

的洋流。温暖的海水阻断了逆温的发生。更高的温度和湿度以及不稳定的空气，使原本干燥的海岸迎来了雷暴的天气。源自安第斯山脉的径流补充了当地降雨的不足，尤其是在发生厄尔尼诺的年份。对处于南纬8°~南纬20°的秘鲁和智利的雾沙漠而言，其主要的水源来自雾气，雾在秘鲁和智利被称作浓湿雾。浓湿雾可以延伸至内陆20~30英里（约30~50千米）处并绕着山谷上升至海平面以上2300~3500英尺（约700~1100米）处。在南纬20°以南，冬季的气旋风暴仅能给阿塔卡马沙漠带来稀少的降雨，而且海岸山脉又阻断了雾气向遥远的内陆渗入。虽然这三个沙漠区植被的不同与季节降水特征有关，但仙人掌是这三个沙漠共有的主要植物。

虽然处于热带地区，但因其沿岸的地理位置以及雾气，气温有所缓和。最热月份（3月）的平均气温仅为75℉（约24℃），最冷月份（9月）的平均气温为65℉（约18℃）。然而白天的高温通常能达到80℉（约27℃），有记录以来的最高温为90℉（约32℃）。在这种靠海的环境下，夏季和冬季无明显差别。

塞丘拉沙漠 塞丘拉沙漠绵延200英里（约320千米），一直从厄瓜多尔南部到处于南纬8°的智利北部及内陆60~90英里（约100~150千米）处。这里没有雾，但每隔5~12年会经历由厄尔尼诺对流带来的冬季降

厄尔尼诺

厄尔尼诺是一种周期为5~10年，能够改变整个北半球的气候现象，它可以引起赤道附近太平洋水温和洋流的变化。一般情况下，强烈的信风沿着赤道由东向西移动，温暖的表层海水在赤道洋流的推动下穿越太平洋到达印度尼西亚，东太平洋表层海水的移动使得南美洲海岸附近较冷的深层海水得以上升到表面。冷海水可以阻止云的生成并促进雾的生成，使得秘鲁–智利沙漠雾气重重，流入印度尼西亚的暖海水促进了暴风雨的形成并增加了降雨量。现在原因不明的是，当信风减弱时，暖海水并没有向西太平洋移动，相反的是一股赤道逆洋流由西向东发展，结果使得暖海水取代了通常出现在南美洲西海岸附近的冷海水。暖海水增加了不稳定性，通常干旱的秘鲁–智利沙漠经历了强烈的暴风雨，印度尼西亚则由于失去了暖海水而遭受了干旱。洋流的反向流动可能影响到了远离赤道的太平洋的风和气压，但准确的原因还不清楚。

雨。这片沙漠总体来说地势平坦，遍布广阔的平原、沙丘和低矮的山峦。沿岸的含盐土壤上生长着各式各样的海滩青草和盐生植物，诸如盐草属植物、鼠尾粟草及厚岸草。厄瓜多尔南部的海岸气候稍微湿润一些，因其生长着树一样大小的、多枝的柱状仙人掌，如铁杆、球状仙人掌和残雪柱属的品种，而被称作树沙漠。秘鲁最高的仙人掌是大织冠，能够在多岩石的山上和1000英尺（约300米）高的向西的山坡上长至30英尺（约9米）高。沙丘通常都很荒芜。从前还广布着的一丛丛的牧豆树，已经被砍伐做燃料了。还包括假紫荆属树木和其他的绿皮潜水湿生植物。一些海岸山谷中生长着柳树树种。

秘鲁–智利沙漠 秘鲁–智利沙漠海岸从南纬8°的秘鲁南部延伸至南纬20°的智利最北部，这里生存着适于雾中生长的植物。冷海水具有冷却和稳定大气的功能，其上浮是导致冬季雾气较重的原因。温暖的陆地限制了水蒸气的凝结，造成夏季雾气较少。从海平面到3500英尺（约1100 米）高的山坡和峡谷，雾气生成较少，一种叫作洛马（小山）的独立植物种群在这块贫瘠的土地上生长。雾气在西风的推动下向海岸附近的山地移动，薄云形成的细雨仅能够湿润表层土壤。高空的稳定大气限制了雾的出现。

雾气在夜晚最为浓重，而在中午消散。尽管雾中的水汽不能直接被大多数植物吸收，但渗透到土壤中的小部分，则可以被根利用。雾气通过降低空气温度和减弱阳光照射强度的方式对气候进行微调。湿度的增加减少了蒸发过程中水分的散失，并提高了夜间温度。

从秘鲁的特鲁希略到智利的伊基克，常年生长着凤梨科作物（见图4.5a）。这种植物在秘鲁沙漠最为茂盛。铁兰是新物种,它是利用表皮毛状体从空气中吸收水分的高山植物，其根的作用是将植物固定在地面上而不是吸收水分。

仙人掌科植物适于在雾中生存，它们分布在秘鲁南海岸和智利的最北部。金煌柱是一种匍匐生植物，常见于沙漠地区。仙人掌只有顶部是直的，它的茎通常被石蕊属和黄枝衣属等地衣包裹着。秘鲁的土壤仙人掌、纤巧柱和智利的豹头是迷雾沙漠中的独特植物。土壤仙人掌在旱季缩进土壤里，它的大部分像仙人掌块茎一样深入地下，使得它除了花季之外难以见到。发达的根系遍布土壤表层以便于吸收雾形成的雨滴。由于雾区被贫瘠的沙漠所隔离，大部分植物都是该区域独有的。

高于冬季雾区线，低于高山斜坡或贫瘠沙漠的山谷，湿度低、阳光

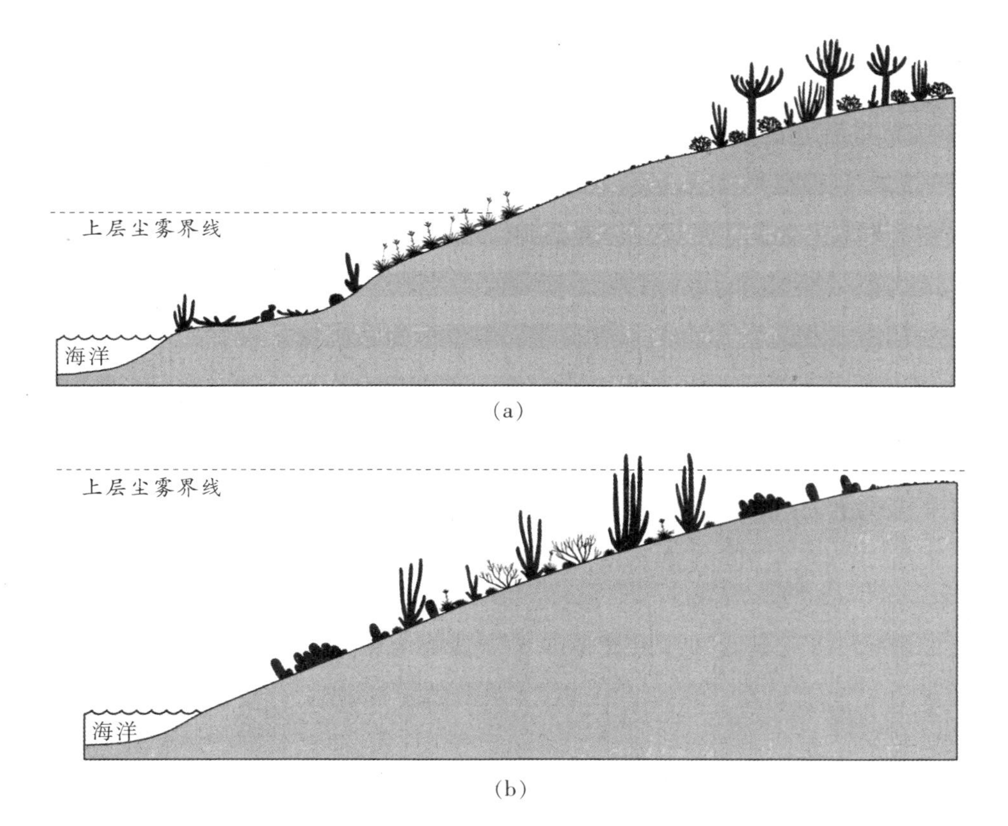

图4.5 (a) 雾气使得秘鲁海岸附近的沙漠中生长种类繁多的植物，从低海拔区到雾区顶端都有分布。雾区之上的贫瘠土地降雨量少，生长着仙人掌科植物；(b) 在阿塔卡马沙漠，浓雾使得龙爪球属、壶花柱属和凤梨科植物等独立植物生长,雾区之上没有植物能够存活。宽叶香蒲是最常见的几种物种。黄枝衣属是雾区低处常见的苔藓 (杰夫·迪克逊提供)

充足，表层温度达160℉（约70℃），没有植物可以生存。介于3300～6600英尺（约1000～2000米）的东部戈壁上，偶尔的降雨使得仙人掌类植物能够密集生长。植物种类随着纬度的改变而发生变化，但主要植物是大织冠（秘鲁特有）、幻乐、花铠柱属和青铜龙。花座球属和金合欢属植物、假紫荆花属植物较为常见。许多当地特有植物都生活在隔绝的山谷里。

尽管秘鲁和智利都有雾区，但各自有不同的植物。智利北部宽广的海岸平原以及较少的山地，有利于雾气的进入。秘鲁和智利之间的贫瘠土地阻止了物种的迁徙。

阿塔卡马沙漠 阿塔卡马沙漠北部邻接秘鲁–智利沙漠，从阿里卡（南纬18°）延伸至拉塞雷纳（南纬30°）。它是世界上最为干旱的地区之一。90%的土地只生长高原植物，盐土植物在阿塔卡马沙漠中的很多盐碱地都不能生长。冬季平均降雨量少于0.1英寸（约3毫米），很多地方没有降雨的记录。南部地区和山底会稍微湿润一些。

从海平面到3000～3500英尺（约900~1000米）的海岸高度范围的急剧变化，决定了雾气进入的程度。由于山被东西峡谷截开，致使雾气停留在海岸附近。雾通常不在地面而是在1000~2600英尺（约300~800米）的高度，这使得不同雾气浓度的地区生长着不同种类的植物（如

迷雾森林

智利中部的弗雷·豪尔赫国家公园中，位于海拔1600英尺（约500米）的狭长地带有一片独特的迷雾森林。尽管年降雨量只有150毫米，但树木可以从湿润空气中吸收1500毫米的水分，从而维持着这个独特的生态系统。一种常绿树木乌柏树是森林主体，同普亚凤梨属、壶花柱属仙人掌和灌木生长在一起。灌木和仙人掌被苔藓和地衣所覆盖。这种森林像绿洲一样广泛分布于沙漠地区。

图4.5b)。龙爪球属和壶花柱属是最为常见的植物。几种矮仙人掌植物生长在雾区的边缘，这里的雾气浓度适中。一些种类的极光球属仙人掌和龙爪球属常见于较干燥地区。秘鲁百合花等球茎类植物生长在海岸雾区，它们的短根可以吸收雾气渗入土壤中的水分。生长于智利的壶花柱属和高大仙人掌遍布于整个雾区。然而，这些植物大多被砍掉烧火。在雾区的低处，壶花柱属和普亚凤梨属生长在一起。在高处，它同龙爪球属一起生长。壶花柱属和一种半肉赞同茎干状灌木生长在大雾最为浓重的中央区域。附生的铁兰属植物生长在仙人掌和灌木上，各种各样的地衣、苔藓也是如此。由于一种叫作橘色藻的藻类的覆盖，壶花柱属植物呈现出红色。尽管干旱的龙爪球属生长地区严重威胁着植物的生长，一种凤梨科作物德氏凤梨属植物却可以在整个雾区生长。灌木包括番杏属海滨桤木和诺拉那属红头草(见图4.6)。

图4.6　乳胶大戟是阿塔卡马沙漠中常见的灌木　(马克·穆拉迪恩提供)

图4.7　阿根廷狐是一种常见于南美沙漠的食肉动物　(基思·索尔提供)

为了适应多雾的环境，很多龙爪球属植物向北朝着太阳生长。它倾斜的生长角度使得太阳光可以照射在植物的生长部位。在干旱地区，腐烂过程很缓慢。然而，死去的植物由于失去了盐和钙，在大地上留下了斑斑痕迹。

在阿塔卡马高原的内陆地区和雾区高处，是具有极限温度的贫瘠的岩石沙漠。这些地区生活着短命的植物和窗口地衣。窗口地衣埋在土中，通过叶片间的间隙来进行光合作用，用露水来补充水分。大部分时间里，高原很贫瘠，当冬天（6月和7月）降水量超过0.75英寸（约20毫米）时，便会出现一些短命的植物。其中典型的是紫草科长鼻目、羽扇豆和紫罗兰。

在南美洲西海岸沙漠的极度干旱环境中，能够生存的动物很少。其中两大类动物是秘鲁狐和栗色羊驼。栗色羊驼在南美三块雾沙漠中都有栖居地，而秘鲁狐在阿塔卡马沙漠中不存在。阿根廷狐偶尔会在三块区域内看见（见图4.7）。不同沙漠中的老鼠种类有所区别。叶状耳朵的老鼠生活在秘鲁–智利沙漠，它的近亲达尔文叶状耳老鼠生活在阿塔卡马。塞丘拉沙漠中生活着秘鲁独有的塞丘拉老鼠。

南美穴居老鼠常见于秘鲁–智利沙漠和阿塔卡马沙漠的多石、多山地区，以草、地衣和苔藓为食。

鸟类包括雀形目鸟，例如秘鲁–智利沙漠的岸掘穴雀。然而，在干旱的塞丘拉和阿塔卡马却不见它们的身影。仙人掌卡纳灶鸟生长在塞丘拉沙漠。一些鸟类分布在秘鲁–智利沙漠，包括智利蜂鸟、厚嘴矿雀、白喉爬地雀和约氏锥嘴雀。迁徙的鸟类要多于本地的鸟类，但猫头鹰可以在所有沙漠中见到。由于雾气中所含的水分，洛马中有种类繁多的鸟类，例如红领带鹀、蓝黑草鹀、细嘴雀鹀和一些蜂鸟，在植物开花、昆虫孵化时来到这里。洛马植物种群中的鸟类不生活在阿塔卡马地区。一些食肉鸟类和秃鹫偶尔会出现在这些沙漠。大部分鸟类是岸边海鸟，例如灰塘鹅、印加燕鸥和海鸥。

火山蜥蜴是当地特有的动物，遍布于整个沙漠地区，苍蝇、木虱、步行虫、蜘蛛和蝎子（南美洲金蝎）生活在洛马地区，种类不同，分布位置也不同。

非洲西南部：纳米比亚台地

从安哥拉南部到南非的纳米比亚台地，分别是纳米比亚沙漠、卡鲁地区和纳马台地（见图4.8）。任意一个地区都可以根据气候和动植物进行细化。纳米比亚从北到南依次为考科韦尔德、中纳米比亚和南纳米比亚沙漠。南纳米比亚的卡鲁地区和南非包括了纳马–纳米比亚和南部台地。地跨两国的纳马台地由上卡鲁、大卡鲁和布什曼兰组成。台地指干旱的灌木区。干旱是由三个原因造成的：亚热带高气压，来自本吉拉洋流的西南风引起的温度反转，以及由于非洲大裂谷的阻隔使东部信风不

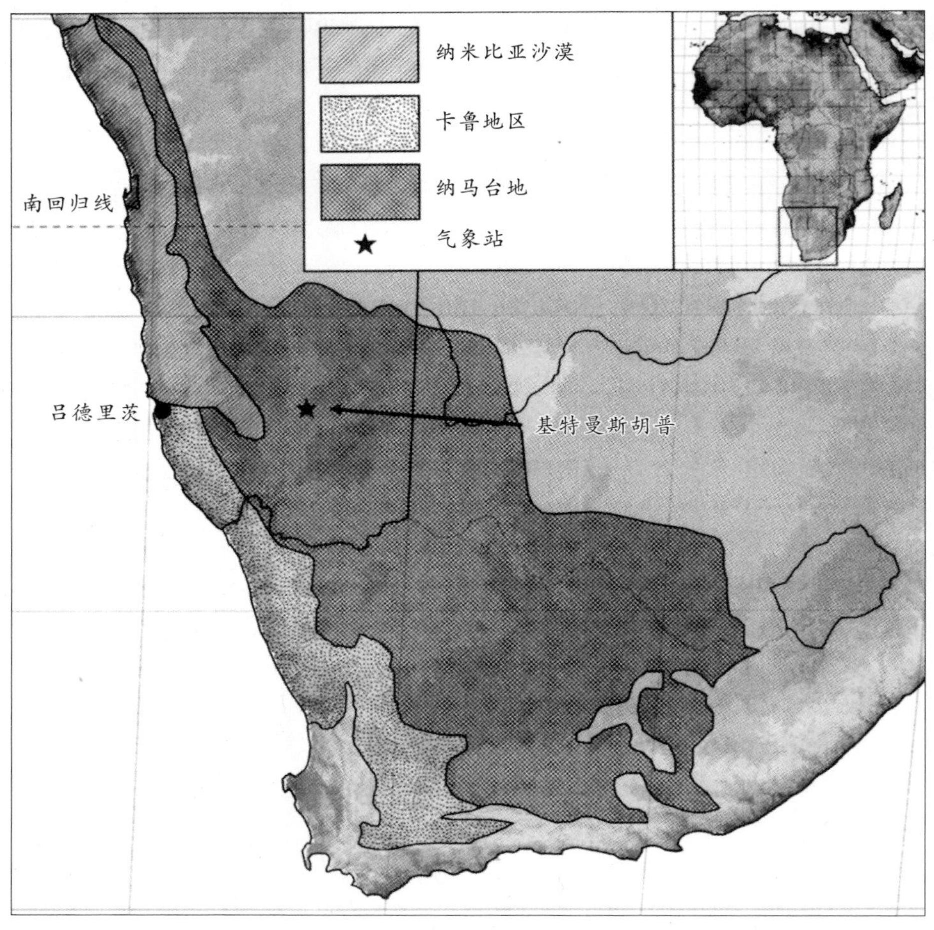

图4.8 纳米比亚台地由几个具有各自气候和动植物特点的沙漠组成，地域范围从安哥拉南部延伸到南非的奥勒芬兹河 (伯纳德·库恩尼克提供)

能升高温度。

尽管纳米比亚台地的降雨量较少，但由于地处南纬14°~南纬32°，使得它横跨两个季节性降雨区。南部地区的冬天有气旋暴雨，但夏季最大降雨量出现在考科韦尔德以北。纳米比亚的鲸湾是过渡区域，是非洲西南部最为干旱的地方，没有明显的雨季。纳米比亚的降雨是断断续续的，最为稳定的冬季降雨出现在卡鲁地区以南。海岸气温在冬季和夏季变化较小，但由于大陆性气候的影响，内陆地区的气温变化很大。

科学家认为这是地球上最为古老的沙漠地区，超过1500万年。长期的干旱对生态产生了很大影响，50%的植物是当地特有的，大部分植物没有通用的英文名字。

纳米比亚沙漠 纳米比亚沙漠位于狭长的海岸附近，长约1300千米，从安哥拉南部南纬14°的圣尼古拉斯河到纳米比亚南纬26°的卢德立次。东部以非洲大裂谷的里希特斯韦特山为界限，宽度达50~90英里（约80~150千米）。降雨量不足4英寸(约100毫米)，不同地区、年份还会有所不同，一些地区不足1英寸（约25毫米）。雾是很多植物和动物最主要的水分来源。植物稀少或根本不存在，尤其是在鲸湾和卢德立次之间的沙地上。

考科韦尔德位于纳米比亚沙漠北部，从安哥拉南部延伸到纳米比亚的乌那阿伯河（南纬14°~南纬20°），是一块介于大西洋和大裂谷之间的狭长地带。这片地区夏季偶尔有暴风雨，雾气深入到内陆近30英里(约50千米）处。天气凉爽，昼夜温差只有4~9℉（约2~5℃)。尽管内陆的气候越来越受到大陆性气候的影响，但仍然很温和。对于自然特征和动植物的了解较少。

考科韦尔德的大部分是沙地和沙石平原，但是小山、山谷和沙丘也存在。海边的沙石道路被地衣覆盖，特别是梅衣属、松萝和黄枝衣属。

骷髅海岸

库内内河与斯瓦科普蒙德之间的区域，主要是砾石平原或沙丘，由于其中遍布着因为遭遇危险洋流和浓重雾气而遇难的船只，被称作骷髅海岸。骷髅海岸主要是荒芜的沙漠地带，因此没有给处于绝境中的海员以任何生还的机会。干旱的河谷从内陆高地一直延伸至海洋，由于其有地下水和偶见的水浸的支撑而成为线状的绿洲，不过很难一见。

图4.9　翡翠木是少数能够在纳米比亚多砾石的海岸平原生存的植物之一　（作者提供）

远离海边的沙石平原上生长着灌木和三芒草（见图4.9）。在沙石平原中也可以找到千岁兰。由于离海洋较近和雾气中含盐分的原因，土壤含盐量较高，维持着盐土植物如猪毛菜属风雨兰、海滩马齿苋和碱地滨藜的生长条件。库内内河是纳米比亚和安哥拉之间的界限，也是唯一一条终年不干的河流。其他河流有断流期，在入海前就被沙将河水吸干。考科韦尔德在纳米比亚的部分是沙丘，生长着灌木植物如猪毛菜属植物和鱼黄草属排菜，还有一些三芒草和知风草。在安哥拉的沙丘中，除了偶尔有一些带刺的能够固沙的灌木可以生存以外，很少有植物生存。

许多小型肉叶植物，如生石花留蝶玉、龙骨葵属和厚墩菊属植物等本应生长在较为潮湿的卡鲁地区上，也同样在水分较多的岩石地区安了家。干涸河床附近的植物种类繁多，这也许是由于地下水充沛的原因，肉叶灌木很常见。

从卢德立次城南部的乌那阿伯河开始，纳米比亚被分为两部分。在考科韦尔德沙漠的正南方，中纳米比亚一直从乌那阿伯河延伸到鲸湾附近的凯塞布干河。凯塞布干河的北部是沙石平原，偶尔可见花岗岩山、石灰岩山和低矮的山峰。南纳米比亚从凯塞布干河延伸到卢德立次，基岩被厚厚的山丘所覆盖。

在所分区域中，降雨很稀少并难以预测，通常年降雨量只有0.2~3.4英寸（约5~85毫米），主要由几场稀有的降雨带来。海岸边是最为干旱的地区，向大裂谷靠近的内陆会有所好转。纳米比亚的湿润程度由雾而不是雨来决定。总体来讲，越靠近内陆雾气越少，降雨越多。

纳米比亚中部偶尔在夏季会有降雨，而南部在冬季有降雨。两件偶然事件的同时发生带来纳米比亚中部的降雨。由于某些原因，温度变化不大，表面热量的传导与印度洋潮湿空气的混合，形成了暴风雨。纳米比亚南部的冬季降雨由南非洲平原的冷空气和来自海洋的热带气旋相遇而形成。气旋风暴更多地出现在卡鲁地区，在纳米比亚则较少见。另一个极端原因是，热空气向内陆移动，随着热量散失，减少了湿度并限制了海岸的雾气。

由于海岸地区的地理位置和持续的雾气，气温很温和，每天的气温变化或季节性的变化都较小。在海岸地区，日均气温是60~73℉（约15~23℃），最高温度不会超过均值很多。在吹东风的少有几天中，绝热增温将温度升至90~100℉（约32~38℃）。海岸附近的气温有时会降到36℉（约2℃），但还不足以结霜。在纳米比亚内陆，气温变化更加极端，冬季在0℃以下，夏季则超过100℉（约38℃）。

中纳米比亚以拥有多种生态和植物而著名。尽管大部分植物可以在雾区里存活，但只有地衣和苔藓是真正在雾气中生长的植物。它们不通过根来吸收水分，而是直接在雾气中吸收水分。大多数植物不能直接从雾气中吸收水分，而是要靠雾气形成的渗入土壤的水滴来生存。灌木状的地衣和苔藓在海岸边沙石路上很常见，40%~60%的地表被黄枝衣属所覆盖，其他的地衣种类有石花属和黑色黄梅衣属。大多数岸边地衣生长在岩石的避风处，或是缝隙里，以此来躲避盐水的浸泡和风沙的侵袭。窗口苔藓生活在可以透射光线的石头的阴暗面。许多地衣没有固定在岩石上，当死去后会随风飘荡。内陆地区的地衣随雾气的减少而减少。

石英岩和大理岩地区生活着很多种类的肉质植物。很多肉质植物特别是景天科和番杏科植物，通过景天酸代谢（CAM）进行光合作用的方

丽杯角属植物

丽杯角属植物表面看起来比较像仙人掌，是萝藦科下的一种肉质植物，是纳米比沙漠所特有的（见图4.10）。这种多茎植物可以长到3.3英尺（约1米）高。花朵巨大，颜色鲜艳，具有腐肉的强烈气味。虽然其效果还未被证实，丽杯角属中的一种叫作蝴蝶亚仙人掌的植物已被认为是一种很具潜力的食欲抑制剂，一旦被广泛应用于医药领域，将可能影响到大批人群。

图4.10　丽杯角属蝴蝶亚仙人掌是一种肉茎植物，其生长形态同小型柱状仙人掌相似，虽然两者之间并无联系。这种植物开花后会长出长长的心皮　（作者提供）

式贮存水分。盐土灌木如翡翠木和猪毛菜属风雨兰将沙土固定成叫作灌丛沙堆的小土堆，那里生长着不同种类的番杏植物。干涸的河道边稀疏地生长着盐土灌木和骆驼刺。

南纳米比亚主要是南北宽200英里（约320千米），东西长75英里（约120千米）的沙丘。由于凯塞布干河植物的限制，海拔1000英尺（约300米）以上的沙丘无法向南延伸。盐土沿海岸延伸，但沙石地却十分贫瘠。即使是内陆地区，只要有雾存在，土壤里就含有盐分，因为雾气里

千岁兰属植物

千岁兰是纳米比亚沙漠具有标志性的植物。这种裸子植物是位于海岸与纳米比亚内陆地区的过渡地带的纳米比沙漠和考科韦尔德所独有的植物。它是纳米比沙漠唯一的硬叶旱生植物，并且可以不靠雾气而生。雾气很难到达遥远的内陆地区，千岁兰的叶子也不能吸收空气中的水分。依据不同的自然条件，它们有能力运用景天酸代谢机制。这种植物广泛地分布在砾石平原宽阔平坦的谷地内。洪水可渗入土壤达5英尺（约1.5米）深，其中的水分可贮存数年之久。在难得一见的丰沛的雨水滋润下，种子在三周内就可发芽。幼芽最初向更深的水源伸出胡萝卜一样的主根，最终会长成60英尺（约18米）深的根系。两片坚韧的叶子每年可以生长4~8英寸（约10~20厘米），千岁兰只会长出两片叶子。它们将从叶的基部而不是顶部继续生长，即便折断破裂，叶子也可以长到10英尺（约3米）长，12英寸（约30厘米）宽。由于数年暴露于沙漠的恶劣条件下，两片长长的叶子会在太阳和风沙的侵蚀下断裂磨损，形成3英尺（约1.5米）高的狭条。它可能需要25年的时间才能开出第一朵花。每棵植株可以存活1000~2000年，寿命最长的植株可以生存2500年之久。

钻 石

非洲西南海岸上是一片广袤的沙丘，一直从纳米比亚的鲸湾向南延伸至南非的奥兰治河，这里盛产钻石。我们对这一地区的生物群落知之甚少，因为无一例外的是，矿业公司禁止接近这一地区。

携带着盐分。除了极少的干涸河床里有时会有水流过外，地表水是不存在的。因为沙丘没有地下存水，所以很少有植物生长。在该地区边缘还可以发现缎花，以及一种叫作奈良的针叶灌木和两种草。

远离海岸的沙漠雾气较少，没有地衣类植物。植物同南纳米比亚相似，以三芒草为主，除了下雨时，其余时间大地都显得很荒芜。常年生的草是这里植物的主体,并没有阔叶草类的生存空间。岩石地区生长着光棍树灌木、骆驼刺、雪松和烟草，这些植物沿着斯瓦特考普和凯塞布干河生长。

内陆区的西部裂谷海拔3000英尺（约900米），时而高度突然变化，时而进入20英里（约32千米）宽的不规则区域。中纳米比亚东部的岩石区域有独特的低矮树木种群，有厚厚的肉质根基和茎基。短茎上的树叶周期性地脱落。这些树木的高大主干和如纸样的树皮能够反射太阳辐射，它们在形态上与索诺兰沙漠类似，但没有渊源关系。典型的树种有没药属、大戟属、辣木属卵叶报春和三种葡萄瓮属植物（见图4.11a）。这片地区还存活着一种木质灌木，在完全脱水的情况下，雨水的滋润也能使之复生。

卡鲁地区 卡鲁地区从南纬26°的卢德立次到南纬32°的奥勒芬兹河，由海岸向内陆延伸约20~60英里（约30~100千米），是纳米比亚台地的南部。卡鲁地区南部是内陆盆地，那是一片灌木沙漠，冬季降雨是由气旋风暴引起的。海岸边的干旱是由雾气和冷空气共同调节的。年降雨量从干旱的西北部地区的0.75英寸（约20毫米）到裂谷的高于16英寸（约400毫米）变化不等。与其他沙漠不同，降雨在季节上和数量上是有保证的，长时间的干旱是罕见的。大多数地区的年降雨量少于6英寸（约150毫米），主要靠露水和秋冬季的雾气补充，尤其是在海岸线10英里（约16千米）以内。可测量的雾气带来的降雨超过5英寸（约130毫米）。裂谷处的高山峰高于雾气，拥有不同的植物种群。露水是重要的水分来源，特别是在雾气较少的内陆地区，在夏季气温较高时凝结过程难以发生。

在海岸边，冬季最低气温是46℉（约8℃），结霜很罕见，气温很温和。在内陆地区，最低气温会降至40℉（约4℃），只有在卡米斯贝赫山才会出现霜冻和偶尔的降雪。冬季的寒冷有时会被山风打断，这些风来自内陆高原的高气压，温度较高。夏季海岸边的气温很少会超过77℉（约25℃），内陆地区会有所增加，在里希特斯韦特山东部和内尔斯拉科特

图4.11　茎干状的生长模式是许多纳米比亚台地植物普遍的生长模式。(a) 葡萄瓮属植物用其肉质根基贮存水分，用其蜡质树皮反射多余的阳光；(b) 半人树的生长角度向北倾斜以使较低的冬季日照集中照射在新生的叶片上（作者提供）

地区有时会超过100℉（约38℃）。

卡鲁地区包括两大区域，分别是纳马夸兰–纳米比沙漠和南部台地。纳马夸兰–纳米比沙漠位于雾区，向东延伸至大裂谷，冬季降雨稀少。南部台地更靠近内陆，更向南，其特点是春秋缺少降雨和雾气。卡鲁地区的地貌具多样性，有海边沙丘，裸露的岩石地以及花岗岩圆顶山等变化。主要的植物是多种类的肉质叶植物。只有两条河流常年流经卡鲁地区，北边的奥兰治河和南边的奥勒芬兹河，它们为当地提供水资源，并且是植物、动物迁徙的重要走廊。卡鲁地区还可以根据地貌和植物进行细分。

卡鲁地区的植物体系。卡鲁地区区别于其他沙漠的原因如下：这里生长着所有沙漠中最为丰富的植物种群，有5000多种高山作物，如向日葵、草、冰雪植物、百合属植物和玄参属植物。它拥有世界上最丰富的肉质植物，包括肉质叶植物、微型品种和地下芽植物（鳞茎）。主要的种类是番杏科（美仙，在南非被称作福基斯）和景天科。番杏科属、青锁龙属、刺铃属、十二卷属、芦荟、国章属和大戟属的植物种类也很丰富。

很多灌木都有肥厚的叶子，这个特点在其他沙漠中并不是很重要。大约1700种肉质叶植物生活在这里，其中有700种很矮小，包括一些石头植物，之所以这么称呼它们，是因为其外形类似石头。尽管奇瓦瓦沙漠也以肉质叶植物而著称，但其植物通常较高大。索诺兰沙漠中主要生长着仙人掌茎的植物，卡鲁地区中只有130种茎叶植物（诸如大戟属、刺铃属、天竺葵属及五角星花等），且没有一种是仙人掌。卡鲁地区中的球茎类植物是其一大特色。世界上没有其他的沙漠拥有如此丰富的球茎类植物。它有630种地下芽植物,包括石蒜科孤挺花属植物，以及非洲莲香属、肖鸢尾属和若木力属植物。尽管常年生植物有390种之多，它们只占植物种类总数的10%，而在其他沙漠的比例则高达30%。常年生植物比例较低的原因是其他植物的数量很多。与其他沙漠中茎叶树木占

美仙(鲁冰花)

美仙，在南非被称作鲁冰花，虽然以前分属不同的科目，但现在属于番杏科的肉质植物分支，又因被称作开花的石头和冰叶日中花而著称于世。叶片结构，花朵颜色和形式，种子类型及大小等呈现出极高的多样性。叶片通常很小，长在矮小的幼苗上，或像生石花和帝玉一样，叶对生，或像肉锥花属植物一样，叶互生。花朵很多，呈星状，不大但颜色雪白。每逢花期，花朵通常能完全覆盖住细小的植物。美仙可以在多地生长，包括岩石缝隙、淤泥平原、含盐土壤以及沙漠砾石表层，但需要有排水良好的基质。虽然这种植物主要分布在非洲西南部，但在圣赫勒拿岛、马达加斯加、北非和阿拉伯半岛也偶见它们的身影。少数品种被引入澳大利亚、新西兰和美洲西海岸，可以作为花园植物生长在气候温和、有冬季降雨的地区。

主体不同，卡鲁地区中只有35种树木，然而却是一些典型的多汁树木，如高大的抖树（芦荟属）、半人树（棒槌树）和茎干状植物。卡鲁地区中的植物种群很丰富，10750平方英尺（约1000平方米）范围内平均有74种植物，几乎是索诺兰沙漠的2倍，而后者是北美洲植物种群最丰富的沙漠。在某些区域，卡鲁地区中的植物几乎是北美沙漠的4倍。

40%的植物是土生土长的，包括80个种群和数百种植物，特别是冰叶日中花、大戟属植物、青锁龙属、蒺藜属蔓生植物（豆型霸王树）、向日葵和马齿苋属（洋蔷薇）植物等。全部种类的1/6~1/3只生活在当地。相反，其他植物则分布在肯尼亚、索马里和也门等。

物种丰富的原因归功于很多小型肉质灌木、球茎植物和新进化物种及相近物种。进化是种群较大的物种与寿命较短物种的有性繁殖，大种群含有大量的基因，有性繁殖可以产生新的组合。短寿命植物保证了基因的有效传播。自然灾害如干旱等，可以将种群分离，让它们独自生长。植物依靠风来传播种子,如青锁龙属、五角星花、厚敦菊属,这些植物很少是当地原生的,因为种子是通过长途传播过来的。可以无性繁殖的植物，如青锁龙属植物很少有进化过程和地方特性，因为它们拥有较长的生长周期，种子是靠鸟类来传播的，树木也同样难以独立生长。卡鲁地区拥有丰富的矮小植物，在它们生存的区域，大型植物很难存活。

尽管非洲西南部沙漠中的植物，面对着同样的干旱、高温、太阳辐射和盐碱化，但它们适应环境的方法是不同的。大多数植物生长在多雨的冬季，太阳辐射较少，气温较凉爽,风力也很强。

很多小型的肉质植物在卡鲁地区的雾气、露水和浅土壤的作用下得到了进化。与沙漠夏季时断时续的暴风雨不同，冬季的降雨是广泛的、温和的，而且在数量、时间和类型上是有保障的。雾和露水比降雨更可靠。贴近地面的小型肉质植物和多枝灌木更有利于吸收露水。大部分根是短的、分布广泛的，易于快速吸收雾气形成的雨滴、露水和降雨。稳定的水源使得小型肉质植物得以进化，因为它们只需要储存足够的水分直至下一个季节。相反，生长在夏季降雨沙漠中的大型肉质植物，如美洲的圆柱状仙人掌和龙舌兰属植物，或者非洲、欧亚的大戟类和芦荟属植物，需要大量的存水来生存一季多的时间。在雾气和露水较少而土壤较深的地区，大型的肉质植物取代了小型的肉质植物，

水循环

美仙的组织内具有一种独特的水分循环系统。当陈旧叶片枯萎时，其中的水分会被新生叶片吸收。许多品种，像肉锥花属植物、银叶花属植物和生石花属植物，每次只能长出两大片肥厚的叶子。一对新叶会在老叶的基部开始生长，重新吸收老叶的水分，直至老叶变成像纸一样薄的空壳，以此来保护新叶在其中生长。

因为在较深且多孔的沙漠中，水分很快渗透，超过了根的深度。在每十年出现一次的干旱中，很多依赖稳定降雨的小型肉质植物消失了。

地下芽植物，任何一种地下储水的球茎、根茎和块茎等都与稳定的降雨有关。它们的储水系统在地下，夏季时没有叶子。很多冬春季节的花在冬雨过后生长，但如石蒜科植物等只在这一期间长出叶子。当叶子在夏季干枯之后，球茎利用储存的能量将秆伸出地面并开出花朵。这种植物的优势是，当球茎没有通过叶子存储足够的能量来开出花朵和长新叶子时，花期就会推迟。叶子是宽大肥厚的，卧倒在土壤表面而不是直立针状的。这个特征是非洲南部球茎类植物所特有的，更有利于吸收地表附近的露水。石蒜科植物在晚上将叶子的温度降至气温以下，以此形成的露水浸透入周围的土壤。很多百合花类和鸢尾的叶子稍稍弯曲，很多叶子是紫色或红色的条纹或格式，但这些独立的特征还无法得到解释。球茎类植物占据纳马夸兰植物总数的16%，比其他冬季降雨沙漠要高5~10倍。最大的种族是风信子、酢浆属植物和石蒜科植物。

大多数的纳马夸兰植物有两种光合作用的方式,在凉爽的冬季是C_3，而在干旱的季节则是用景天酸代谢的方式。许多一年生的植物都生长在潮湿凉爽的冬季。

卡鲁地区的植物在夏季储存了较多的能量，而在冬季则较少。天气晴朗、太阳充足的夏季气温较高，低矮的植物需要保持组织的凉爽。许多植物，如青锁龙属植物，可以利用体内的红色素来减少对夏季阳光的吸收，这些组织在冬季恢复成绿色。植物的白色表面和如纸般的老树叶表皮都可以反射太阳辐射，就像一些生长着细小植物的白色石英沙地所起的作用一样。许多植物在干旱的夏季缩进土壤里，但还是有一部分暴露在强烈的阳光下。

冬季之所以凉爽，是因为太阳超过地平线的时间较少，白天较短，而且天空经常有云或是雾，减少了太阳辐射，其只相当于夏季的一半。

为了在冬季接收更多的太阳光，很多植物朝北生长，叶子向东方而且向着太阳生长。大多数植物是高大的肉茎植物半人树，它们朝向北方，因此它们顶端的叶子和花苞可以更充分地暴露在阳光下（见图4.11b）。

美仙比其他植物的含盐量高，由于水分是从低盐度向高盐度流动的，含盐量高的组织更容易吸收盐度低的土壤或雾气中的水分。卡鲁地区的风很强。夏季，先德维尔德海岸刮南风。冬季，温暖的山风可以影响整个地区，特别是理查德斯维德山。风速高达每小时75英里（约120千米）的沙尘暴每年冬季会出现几次。一种状况叫作番杏植物现象，矮小的藏沙玉属和佛指草属美仙在新叶片和茎外包裹着一层黏绒毛，粘在上面的沙子充当了沙尘暴中保护植物的屏障。

有窗户的植物

在卡鲁地区生长的许多植物的叶片都有半透明的无颜色的部分，这样的植物几乎为南非冬季落雨沙漠所独有。在旱季，窗户植物的根会缩小并将植物拉入地下，只露出顶部的小叶。叶片上的窗户会让阳光照射入细胞深处，即使植物只有很少部分暴露于自然界中，也能继续进行光合作用。窗户在棒叶花属、光玉属、肉锥花属、生石花属和十二卷属植物及一些藻类和地衣上都很常见。叶片上靠近叶片表面和靠近叶片内部叶绿素部分的颜色深浅会有变化。

由于小型植物没有多余的组织来喂养动物,也不能像草一样繁殖,因此它们进化了一些方法来进行自我保护。主要的保护手段是化学方法。很多美仙的叶子表层有一层叫作乙二酸的化学物质，它可以损害动物的肾脏功能。植物也可能含有丹宁来影响动物的消化，还有糖苷，可以引发心脏病，及其他一些能够引起腹泻和眼疾的毒素。尽管上面提到的一些物质可以对引进的家畜产生致命作用，很多本地的动物却已经适应了。乌龟、蜥蜴、家鼠、狒狒和鸟类以卡鲁地区的植物为食。四种鼹鼠和一种类似鼹鼠的家鼠特别适应吃有毒素的球茎类植物。大部分球茎类植物生长在鼹鼠无法进入的岩石缝里，是对其觅食行为的一种回应。

很多形式的模仿也是欺骗觅食动物的一种常用手段。青锁龙看起来像一根枯死的树枝，一些马齿苋科的植物像鸟的粪便，魔玉属和生石花属植物很难和石头区分开，藏沙玉属植物覆盖着土壤或沙子。其他的植物藏在高大的植物下面，很难找到。

30%多的纳马夸兰植物是肉质的，它们大部分是本地植物。1700种的番杏科植物中，99%是原生长于非洲南部的。最常见的肉质植物是广泛分布的低矮小型的有肥厚叶片的灌木。大多数植物不足2英寸（约5厘米）高，根很浅，常绿。最常见的灌木，如浅矛菊属、茎杆番杏属和石头草属植物全都是番杏科。一些植物（厚敦菊属、天竺葵属、龙骨葵属和奇峰锦属植物）在夏季周期性落叶。纳马夸兰是小型植物的栖居地，植株很多都低于0.4英寸（约1厘米），还有一些更低。肉茎植物在干旱的东部地区更为常见，这里的冬季降雨被秋季的暴风雨所取代。最大的种群是约60种的五角星花。常见的五角星花（亚罗汉属、豹皮花属和国章属）通常很小，藏于灌木丛中。最为明显的是树般高大的肉质植物，它们通常有更强的蓄水能力，稀有的肉质树木是半人树和高大的抖树（也被称作科克布姆树），通常它们生长在更极端的环境中。

大多数没有肥大叶片的灌木是常绿的，但是一些种类的枸杞属植物和雏菊科属刺木在夏季会落叶。最大的种属是蜜钟花属，但是野花和翼果菊属也很常见。没有肥厚叶子的灌木由纳马夸兰延伸入芬博斯（沙巴拉群落）南部，向东则到达纳马台地。原生于纳马夸兰的植物有雏菊和豌豆。一些灌木生长到较大阶段时，主要的茎会裂开，形成两个独立的植物，各有自己的根系。在旱时较矮小的植物相对于高大的植物而言，生存概率会更高一些。

非多汁树木的数目较稀少，通常生活在水源附近和一些水源集中的地方如哈德尔德和理查德斯维德。它们通常是硬叶植物，从上一季干枯树林中存活下来。纳马夸松脂树和漆树属植物是纳马夸兰原产的植物。生长在干旱地区的禾草类植物是草，在水源充足的地区是莎草科植物。

卡鲁地区：纳马夸兰–纳米比沙漠 施贝尔盖比特位于纳米比亚南部，奥兰治河的北部，是一片无名的沙石钻石矿区。它是卡鲁地区在纳米比亚的部分。植物种类包括常年生肥厚叶片的低矮灌木，大部分属于冰叶日中花、青锁龙属、百合属和大戟属植物。岩石表面的区域生长着低矮的木质灌木，如肉质厚敦菊属灌木厚敦菊和天竺葵属的植物及没有肥厚叶片的非洲雏菊。沙漠地区生活着没有肥厚叶片的木质灌木，如猪毛菜属 植物和有尖刺的草。地衣数量很多，特别是橙色的石黄衣属植物。内陆的沙石平原，有由多刺少叶的奈良灌木形成的山丘，拥有种类繁多的低矮植物。更深的内陆地区，植物更加茂盛，有长着肥厚叶片的翡翠木和高达5英尺（约1.5米）的肉质灌木大戟属魔龙角。

从奥兰治河延伸到奥勒芬兹河的纳马夸兰地区，包含着几块地理区域。岩石主要是花岗岩和片麻岩，一些地区是由沙子和石英石形成的平原。奥兰治河附近干枯的山脉叫作理查德斯维德，而河南面河岸的沙石平原叫作先德维尔德。相反，哈德尔德是大裂谷附近的石英岩高原。裂谷附近最高的是卡米斯贝赫山，它的石英圆山顶被哈德尔德所包围。南部地区的沙石平原叫作内斯拉卡特。

这一地区的年均降雨量通常少于6英寸（约150毫米），但也根据地区而发生变化（见表4.1）。最明显的变化，发生在从由冬季降雨和雾气控制的卡鲁地区，到内陆干旱而夏季降雨、不受雾气控制的纳马台地区域。岸边的沙漠平原先德维尔德，南部湿润而北部干旱。奥兰治河流域的沙石平原较干旱。哈德尔德中部，由于海拔较高，降雨更多。卡米斯贝赫山高达5500英尺（约1700米），是最高、最潮湿、最冷的地区。理

表 4.1 纳马夸兰降水量变化

地理位置	降水量
北先德维尔德	4 英寸(约 100 毫米)
南先德维尔德	6 英寸(约 150 毫米)
奥兰治河砾石平原	2 英寸(约 50 毫米)
哈德尔德中部	8 英寸(约 200 毫米)
卡米斯贝赫山	16 英寸(约 400 毫米)
理查德斯维德山西坡	12 英寸(约 300 毫米)
理查德斯维德山谷	2 英寸(约 50 毫米)

查德斯维德的西面高处山坡由于冬季降雨而很湿润，而山谷和矮的山坡则很干旱。面向内陆的理查德斯维德山坡，夏季降雨并生长着一些纳马台地植被。植被的丰富性，尤其是理查德斯维德的植物，极大地增加了植被的多样性。

卡鲁地区中植被最丰富的是纳马夸兰，稳定的降雨是生物群系丰富的关键，持续的干旱是罕见的。纳马夸兰的3000多种植物属于100多个科和600多个属。纳马夸兰丰富的美仙、鸢尾花、青锁龙属、奇峰锦属和非洲莲香属植物与其他沙漠区别明显，其他沙漠以雏菊、盐类灌木、豌豆属灌木和草类为主。在大多数科中（番杏科、景天科、五角星花），所有的种类都是有肥厚叶子的。其他科植物如向日葵包括一些肥厚叶子的种类，还有一些（鸢尾属植物和非洲莲香属植物）是球茎类植物。10个种类中包含最多的植物是肉质植物和球茎类植物。

纳马夸兰地区几个宽广的平原根据土壤深度、纹理、湿度和温度进行区分。南非荷兰语中的词语veld是指开阔的长草和低矮灌木的区域，词的前缀是简单的描述。在本书的这一部分中只提到四个主要的区域(斯坦德维尔德、维基维尔德、布鲁克维尔德和瑞诺斯特维尔德)。每片草原都有各自的植物种群，草原之间很少有共同的植物。大多数土壤很

地衣之地

位于奥兰治河口的亚历山大湾，以拥有世界上最密集的地衣而著称，这种情形同下加利福尼亚的多雾海岸相类似。大约29种地衣和49种更高一些的植物，包括一些矮小的肉质植物，都在这种极端多雾的自然条件下繁茂地生长着。可以防水的石膏黏土防止了水分的渗透，使雾气停留在地表，为植物所用。黄枝衣属植物只能在渗透基质上生长。

浅，只有几英寸到1.5英尺（约0.5米）厚，位于不能渗透的岩石和硬质地层之上。碳酸钙的累积在当地被称作钙质结砾岩。二氧化硅与之相似的累积被称作钙矽结核。深层的积累所形成的钙质结砾岩或钙矽结核可以储存更多的水，来供养更多的植物。

斯坦德维尔德是开阔的灌木丛，约1.5~6.5英尺（约0.5~2米）高，位于海岸边的沙地平原上。植物种类包括一年生、草类、盐类灌木、矮小的番杏科和球茎类植物，依据年龄和土壤深度对其进行区分。由于被强劲的含盐的西南风限制，海岸区域的主要植物是草、小型肉质灌木、无肥厚叶子的灌木、盐类灌木和匍匐的番杏科植物。很多矮小的番杏科植物生长在岩石地区。由于沙石的移动，沙丘植物很稀少。很多种类生活在内陆稳定的沙丘上。一些种类的灌木、肉质植物、一年生植物和球茎类植物，特别是大的球茎类孤挺花，成簇地生长，可达6.5英尺（约2米）高。草类在斯坦德维尔德生长在稳定的沙丘，但是草类植物会与厚敦菊属肉叶灌木共同分享生长空间。

维基维尔德主要生活着小型的肉质植物，如番杏科和青锁龙属植物，广布在土壤较浅、海拔低于1000英尺（约300米）的区域。它拥有不同种类的岩石表面，包括大裂谷附近的哈德尔德和先德维尔德之间的淤塞土地，内斯拉卡特的石英地，奥兰治河的沙石平原，理查德斯维德和海岸平原的石英基岩。降雨少于6英寸（约150毫米），但雾气很多。这个区域的肉质植物主要生长在这里，特别是矮小的肉质灌木，只有10~20英寸（约25~50厘米）高。植物种类很多，但小型植物都具有本地特色。石英地上生长的植物很少，只覆盖了表面的5%，但由于植物都很矮小，250株植物能够生活在10平方英尺（约1平方米）的范围内。每块石英地区都有独特的植物体系，大约40种是该地区所特有的。银叶花属、肉锥花属、胡桃玉属、亲指姬、几种类别的窗口植物、小型青锁龙属和奇峰锦属植物都很常见。

大多数小型的肉质植物生活在温和的卡鲁地区（见图4.12），雾气很常见，气温也适宜。生石花属植物却是个例外，它的生活区域集中在奥兰治河的两岸和理查德斯维德的东部。那里夏季很热也很干燥，降雨很少且没有保证，但是生石花属植物不仅存活下来而且生长得很茂盛。

图4.12　卡鲁地区最为常见的植物是生有肉质小叶的灌木　（作者提供）

低矮的土堆形成的直径高达16~115英尺（约5~35米）的圆土丘叫作化石白蚁冢，由白蚁筑造成。白蚁存储的有机物质和现在居住的穴居动物如土豚等改变了土壤的构成和纹理，为不同的植物提供了生活地点。生长在化石白蚁冢的淤泥堆积处的主要植物是小型的肉质植物浅矛菊属、茎秆番杏属、番杏属和厚敦菊属灌木。

布鲁克维尔德位于哈德尔德的岩石峡谷处，并处于理查德斯维德海拔较高的地方，降雨较多。这里遍布沙石山丘和巨石，在地理形态、径流量和可用水源上有所不同。植物通常很高，肉质叶片很少。高大的灌木或6.5~10英尺（约2~3米）高的低矮树木使较低的由番杏科和大戟类组成的肉质灌木层破裂开来，特别是当径流经过不渗透的沙石层，在岩石层表面积累了大量的水时，这种现象更为明显。作为交换，从较低海拔的化石白蚁冢维基维尔德到布鲁克维尔德，高大的肉质灌木，如番杏科紫苏、浅矛菊属和陆龟灌木取代了低矮的肉质灌木。这些树以零散的个体出现或以成群的树丛出现。沙石地上的主要植物是纳马夸松脂树、漆树属带纹玛瑙、有臭味的牧羊人树和非洲橄榄树，这些树种全都没有肥厚叶片。树形的茎干状阿房宫连同一些无肥厚叶片的雏菊类灌木,也生长在石山上。叶片肥厚的微小植物、球茎类植物和长年生植物生长在岩石缝里。独特的大叶片的树或茎干状半人树，高大的抖树和鸽箭筒树，都是本地生的，作为个体分散在这片区域 。

朝东的干旱坡地上缺少雾气，植物很少长出肉质叶片，植物种类与纳马台地相类似。纤毛针翦草属和祖鲁的羊茅属草类植物，在漆树属带纹玛瑙树丛、仙人掌状大戟属植物（矢毒麒麟），以及一些没药属植物中成簇生长。

瑞诺斯特维尔德在哈德尔德和理查德斯维德的高地，这一区域年降雨量有10~16英寸（约250~400毫米）。（植物种群同样生活在小卡鲁和西部山区台地，它们都属于南部台地。）灌木一般很高，植物种类也比

观赏植物

几种常见的花园植物或家养植物都原产于非洲南部的沙漠地带。长着常绿叶片和硕大的黄色花朵的南非菊灌木，因其具有易于打理且耐热耐旱的优点而常做美化环境之用。常绿灌木金盏花科植物和一年生异果菊植物都被称为非洲雏菊，因其花朵颜色各异，可以使夏日的花园异彩纷呈。冰叶日中花和一种叫作心花（露花属）的植物是常见的霜林地区的地被植物。石蒜科孤挺花属植物的球茎能够开出美丽的百合样的花朵，可以作为花园植物，也可以作为盆栽植物。去当地出售肉质植物和仙人掌的店铺里看看，你就会发现一些来自南非的盆栽肉质植物，诸如伽蓝菜属、青锁龙属、酒瓶兰（马齿苋树属）、十二卷属植物，甚至会发现长在石头上的植物（帝玉属）——这些植物通常都被错标作仙人掌。

布鲁克维尔德多，植物种群主要是肉质叶片，较少有常绿灌木。大多数灌木，如南非菊、翼果菊属植物和羽叶矢车菊都属于向日葵科植物，但是野生的迷迭香也生长在这里，这些硬叶植物、无肥厚叶片植物与南部的芬博斯相似。灌木丛中生长着非洲橄榄、纳马夸松脂树和野生桃树。这片区域因其拥有多种球茎类植物，诸如网球花属、狒狒花属和虎眼万年青属植物，而与其他地区相区别。

浓密的柳树丛，柽柳和乌木是奥兰治河岸区域的主要植物，河水清澈且略含盐分。小支流中生长着甜荆棘。

卡鲁地区：南部台地 南部台地有三块区域。南部地区的小卡鲁是页岩盆地，被开普福德山所包围。西部山区台地位于大裂谷的西南部，主要由页岩和沙石构成。坦夸卡鲁是石头盆地，位于西部山区盆地和开普福德山之间。所有的区域都生长着低矮的有肥厚叶片的灌木，而草和高大灌木或树木则较少见。

小卡鲁是岩石区域，高达1000~2000英尺（约300~600米），生长着丰富的肉质植物和本地植物。年均降雨量可达6~12英寸（约150~300毫米），由于其位于内陆地区，夏季气候炎热。小卡鲁的植物与干旱的布鲁克维尔德东部山坡相似。页岩山脊和石头平原中生长着树、低矮肉质植物（青锁龙属、浅矛菊属和奇峰锦属）和非肉质灌木。尽管肉质植物是主要的植物，矮小的树木和灌木数量也很多。肉质植物，特别是番杏科植物，主要生长在干旱地区，灌木则更多生长在水分积累的岩石区。开普乌木是主要的灌木（或矮树），但是很多小型的肉质灌木，如天竺葵属节节草和龙骨葵属蝶骨棘，以及非肉质植物野生迷迭香和翼果菊属淡白蝴蝶兰也生长在这里。石山的径流汇聚到地面，使得本地植物种类大为丰富。

尽管以石头为主，西部山地台地却很少有岩石地层。陡峭的山峰上土壤很少。就像其名字的寓意一样，海拔很高，有3000~5500英尺（约900~1700米），温度很低。这片地区的年降雨量只有6~10英寸（约150~250毫米），冬季降雨少。生长在布鲁克维尔德和小卡鲁之间的植物种类，依海拔的变化而发生变化。海拔较高处，瑞诺斯特维尔德和布鲁克维尔德非肉质植物融为一体。大多数低矮灌木可以长到3英尺（约1米）高，而这些灌木如果生长在其他地区，只有2~6英寸（约5~15厘米）高。最主要的灌木是非肉质植物锐刺杯子菊属植物，肉质植物和常年生草类则很少见。低矮干旱地区的植物种类和卡鲁地区中的植物种类相似，但在高度适中的地区猪毛菜属山栖木及番杏科植物更为常见。

在坦夸山谷和多伦河附近的坦夸卡鲁的地势平坦，海拔1000~1500英尺（约300~450米）。由于被山包围着，山谷中的年降雨量不足6英寸（约150毫米），降雨主要集中在冬季。尽管大多数植物被啃食掉，使地表露出了页岩，地面上仍然生长着矮小的番杏科植物。一年生植物和地下芽植物的数量很多，如果能经历一场大雨的滋润，钝角三芒草也会茂盛生长。天然地表层的植被已经退化，遭到了邻近干旱地区植物的入侵。一些本地的植物还会存在，但主要的植物和数量比例已经发生改变。

卡鲁地区保护了很多当地的植物的生长，这和降雨量没有直接的关系。本地的植物在干旱和湿润地区都能生长。岩石表层，如石英岩、沙石中生长着本地的大多数植物。三个本地植物的聚集地都在纳马夸兰–纳米比沙漠地区，还有一个本地植物聚集地在南部台地（见表4.2）。位于纳马夸兰–纳米比沙漠的嘎瑞普植物生长地，从理查德斯维德向北延伸到施贝尔盖比特。地形和气候的多样性（有雾，处于雨影区，冬夏都有降水）使得这里生长着355种当地特有的植物和3个当地特有的植物种属。本地的地衣中，有几种地衣和较高一些的植物是当地特有的，这其中就包括小型的肉质植物。55种肉锥花属植物中的30%是当地特有的，其他的还包括天竺草和乳草属植物种群。很引人注目的肉质树木，包括半人树和高大的抖树也生长在这里。纳马夸兰的卡米斯贝赫植物生长地有86种本地植物。大多数是鸢尾属植物中的地下芽植物和小型的肉质番杏科植物。卡米斯贝赫附近的范伦斯多普中心生长着150种本地植物，主要是低矮的肉质植物和石英石地面上生长的地下芽植物。长蕊斑种草属植物是一种生长于石灰石表面的本地植物。南部台地上的小卡鲁植物

表 4.2　纳马夸兰一些特有植物聚集地的植物种类

嘎瑞普	卡米斯贝赫	范伦斯多普	小卡鲁
心琴玉属	肖鸢尾属	银叶花属	细鳞
佛指草属	若木力属	胡桃玉	藻玲玉属
龙幻属	拉培疏鸢尾	肉锥花属	高丽剑
群玉	虾钳花属	刺铃属	莫氏龙骨角
蛇纹玉	肉锥花属	青锁龙属	舌叶花属
大戟属植物翡翠柱	生石花属	长蕊斑种草属	对叶花属

聚集地上生长着200~300种本地植物，主要是番杏科植物。

纳马台地　纳马台地的降雨量高于12英寸（约300毫米），位于纳米比亚沙漠和纳马夸兰的内陆，是一片湿润的、多灌木的沙漠。它包括纳米比亚南部的南非高原（这里被称作纳马夸兰）和南非的西南部（这里被称作布什曼兰和上卡鲁）。它也包括大卡鲁地区，大卡鲁是位于大裂谷底部和开普山的北部的大盆地。与卡鲁地区的大部分区域，特别是纳马夸兰相反,这片区域的夏季降雨很少且不稳定。因为它靠近内陆地区，夏季最高温度可以达到108℉（约42℃），冬季会出现霜冻（见图4.1b）。当降雨量高于平常时，短寿命的一年生植物便会覆盖地面。在过去没有受到狩猎和疾病的影响的情况下，这些草曾供养了成群的跳羚和野牛。它们的栖息地和自然植被由于过度放牧而遭到了破坏。

纳马台地西部的布什曼兰，是最为干旱的区域，年降雨量只有2~8英寸（约50~200毫米）。这一地区的北部海拔有3000英尺（约900米），南部的高原海拔则逐渐升高至4000英尺（约1200米）。大部分的水流入奥兰治河北部，但是由于干旱，其内部也存在用于排水的盆地，这里呈现出少山的平坦的景致。这一区域生长着更多的草而不是灌木，因为在经历一场持续时间较长的干旱之后，草比灌木更容易恢复生机。三芒草是主

沙漠马匹

大约由150匹野马组成的马群生活在奥斯与吕德里茨之间的中纳米比沙漠上的纳马台地草原上。有关它们的来处说法不一。它们可能是因在一战期间遭到德军的轰炸而受惊跑出南非军营的马匹，也可能是被德军部队抛弃的战马，或者是从农场逃跑的马匹。这些马匹已经适应了沙漠的气候条件，但仍需以井水来获得水源，这也是这一地区唯一的水源。这些马匹会在水眼旁安家。

要的草类，但是一些矮小的草如画眉草属、鼠黍粟属也生活在这里。根据不同的生长土壤，猪毛菜属和杯子菊属也是常见的灌木。番杏科植物在山区和岩石区繁茂生长，常年生植物和地下芽植物在大雨过后长势迅猛。浅矛菊属生长在页岩上。东部地区是上卡鲁，海拔3500~5000英尺（约1050~1700米），降雨较多，有8~12英寸（约200~300毫米）。这一区域像布什曼兰一样平坦，但其间也点缀着一些低矮的山峰。地面都是石质的（页岩，砂岩，含有钙质），但有些地方也会有红色的土壤。河岸边的河漫滩地堆满淤泥。这里主要的草是画眉草属植物和三芒，非肉质植物包括枸杞、三根刺和漆树属带纹玛瑙。很多植物品种生长在岩石区域，但是番杏科植物在这里却很少见，仅有的肉质植物是浅矛菊属植物。

纳米比亚台地的动物 除了在极度干旱的环境里，可以在纳米比亚台地发现很多动物的身影。大多数的哺乳动物，通过山谷河流从东部草原迁徙过来。由于早期定居者的猎杀，一些动物濒临灭绝。很多早期常见的大型哺乳动物，如红色非洲大羚羊、斑马和其他捕食动物如猎豹、狮子和金钱豹，现在都只能在动物园或保护区内看到。现在濒临灭绝的沙漠大象、黑犀牛、狮子和长颈鹿的身影都很少出现在考科韦尔德。

不同种类的羚羊是最大的食草动物种群。大羚羊和跳羚是最常见的有蹄类哺乳动物。大羚羊很适合在沙漠中生存。在水源不足的情况下，它们会停止出汗，体温上升到113℉（约45℃）。但是它们的大脑却会保持较低的温度以免受伤害，因为大脑基部发达的血管会将热量散发到空气中。跳羚是一种小型的食草动物，每一群体里大约有100只，它们的体重只有88磅（约40千克）。它们饮水除了补充水分，更多的是为了储存足够的水分。它们最喜欢的食物是台地中多肉灌木。大羚羊和跳羚经常因为它们的肉和皮十分珍贵而遭到猎杀。在纳马台地中更为常见的动物是用草和灌木做遮掩的小岩羚。山羚是一种小型羚羊，只有22英寸（约55厘米）高，40磅（约18千克）重，生活在岩石地区。达马拉或者叫作喀氏小羚的动物，是一种更小的羚羊，13.5英寸（约35厘米）长，10磅（约4.5千克）重。它生活在这片区域最为干旱的地方，靠露水来维持生命。与喀氏小羚相似，黄昏时出现的小羚羊需要嫩枝和遮蔽物来生存，可以离开水源生存。伯切尔氏斑马以前只出现在草原和沙漠中，现在偶尔在平原和草地也能发现它们的身影。它们可以在不喝水的情况下生存5天。

穴居动物不仅包括哺乳动物如啮齿类动物等，还包括爬行类动物和昆虫，其种类丰富多样。松鼠、跳鼠、老鼠、豪猪、泽鼠和地鼠都很常见。泽鼠生活在灌丛沙堆中，而象鼩则生活在东部平原上。布兰特呼啸鼠也是泽鼠的一种，生活在纳马夸兰的沙石地区。这里的地面很松动，只能生活小的穴居动物，例如昆虫和爬行类动物。更大型的穴居动物则需要在更为牢固的地面生存。四肢较轻的沙鼠选择生活在沙地里，那里的部分地面由于被羚羊尿液浸过而变得坚固。更为坚固的土壤是表面生长着丛生草和灌木的土壤。岩石蹄兔在整片区域的岩石地带都能见到，它们与羚羊不同，羚羊只生活在有沙土的地方。豪猪到处可见。作为群居动物，海岛猫鼬，又被称为沼狸，是常见的灵猫科动物（见图4.13）。白天，一只沼狸会用后腿站立以示警诫，而这时其他的沼狸则会去捕食昆虫、蝎子和蜘蛛。小型岩鼠包括岩石区域的侏儒鼠和沙漠区域的金色老鼠。常见的鼹鼠，用长长的爪子挖洞捕食地下的昆虫和幼虫。在整个纳米比亚台地都可以见到沙鼠。

典型的草原捕食动物跟随其食物迁徙。黑背胡狼常见于这片地区，它们经常在河岸边搜寻死鱼等腐烂的动物。它们也吃昆虫、老鼠和小型羚羊。直耳狐的分布也很广，特别是在纳马台地上。它们用大耳朵侦察地下的动静，将地下的动物挖出来作为食物。尽管它们最主要的食物是昆虫，但有时也吃老鼠和蛋。猞猁到处可见，但在干旱的沙漠却没有它们的身影。作为只有11磅（约5千克）重的小型动物，非洲野猫选择有遮盖的岩石地区生存，而不是干旱的沙漠地区，其食物主要是老鼠。

图4.13 纳米比亚台地上的海岛猫鼬是一种成群生活的穴居动物 （作者提供）

除了纳米比亚沙漠最为干旱的地区以外，随处可见其他的食草、食肉动物的身影。疣猪食草，可以用它们的长牙挖出植物的球茎。野兔的奔跑速度最快，高达每小时48英里（约75千米），它们可以用长距离奔跑来躲避捕食者。它们吃自己的排泄物，最大限度地从食物中吸收营养。蜜獾是食肉动物，主要以昆虫及其幼虫、老鼠、鸟类和蜥蜴为食，它可以用有力的爪子将遮蔽物挖开。它们不吃蜂蜜，但会将蜂巢拆开吃里面的幼虫。獴是群居动物，通常情况下，几只獴会共同生活在地洞里。它们以昆虫、小型哺乳动物、蜥蜴和蛋为食，天敌是猛禽、蛇和胡狼。土狼以白蚁为食，有白蚁巢的地方就有土狼，但在沙漠地区却见不到它们。夜间捕食的动物，如大耳狐狸、土狼、豺等白天会躲在地洞里。熊狒狒也不生活在纳米比亚沙漠中，它们大多数可以在栖息地中生存，也常常在路两旁出现，在农垦区它们可以成为宠物。

由于缺少地表水，很少有常年生活在这里的鸟类。鸵鸟很常见，通常50只为一个种群，以植物和种子为食。与其他鸟类的四个脚趾不同，鸵鸟只有两个。它的大脚趾很大，有些像蹄子，这是为了增加它的奔跑速度，其奔跑速度可以达到每小时40英里（约65千米）。与很多其他沙漠动物相同，它们对于饮水的需求很少，可以通过饮食来补充足够的水分。其他筑巢的鸟类例如红背歌百灵，是南非灌木地区的特有的鸟类。非洲白颈鸦生活在几个不同的区域，主要以昆虫、蛋、种子、腐肉和小型哺乳动物及鸟类为食。在三块沙漠地区，红隼是一种小型的鹰隼，以老鼠、鸟和昆虫为食。纳米比亚沙漠云雀生活在纳米比沙漠的沙丘地区。纽曼氏梅花雀是一种灰色的鸟，长着红色的喙和尾羽。几种善于奔跑的鸨生活在沙漠中，不需要自由流动水即可存活。罗氏鸨生活在纳米比亚的边缘地带，雨后会出现在沙丘中。

鸵鸟蛋

许多雌性鸵鸟在仅与一只雄性鸵鸟交配以后，这只雄性鸵鸟的眷群会共用一个巢穴，所谓巢穴就是在地里挖的一个深坑，可这个深坑可以装下多达60枚鸵鸟蛋。每枚鸵鸟蛋重达3磅（约1.4千克）。雌鸵鸟白天孵卵，黄昏时则由雄鸵鸟来替班。与沙土同色的雌鸵鸟白天可以与地面的颜色融为一体，而颜色较深的雄鸵鸟则可以在夜间不容易被发现。小鸵鸟破壳而出后，通常由雄鸵鸟来保护养育幼鸟。

纳米比亚台地上生活着100多种爬行动物，这使得其生态环境呈现出丰富多样性。这些爬行动物中大约有一半是本地特有的，这其中包括伯格鹦嘴陆龟，这种龟只生活在施贝尔盖比特。其他本地动物包括几种蜥蜴和三种壁虎。很多其他种类的爬行动物，例如几何龟和一些与其相关的台地乌龟，都仅仅生活在卡鲁地区。与之相反的是，金钱豹龟广泛分布在草原上，以草和多肉植物为食（见图4.14a）。每只龟的个头

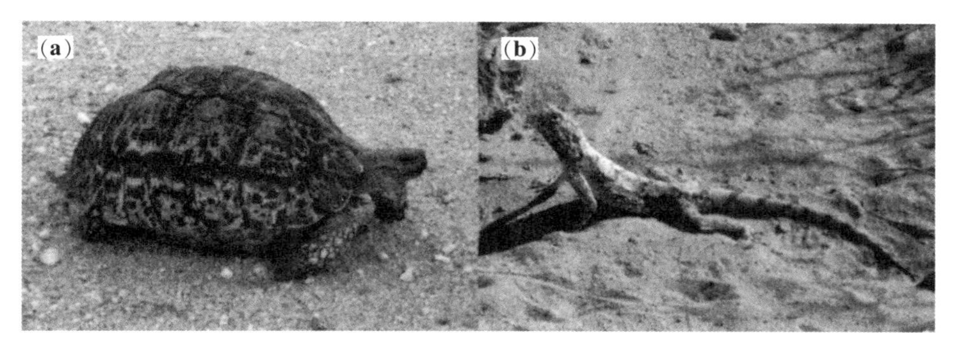

图4.14　纳米比亚台地生活着种类繁多的爬行动物，包括：(a) 金钱豹龟或称山龟；(b) 南部岩石飞龙属蜥蜴　(作者提供)

可以长得很大，可达24英寸（约60厘米）长，80磅（约36千克）重。南部的岩石飞龙属蜥蜴在求偶时，头和上体会呈现出闪亮的蓝色（见图4.14b）。当地面温度较高时，楔形鼻沙地蜥蜴会钻入凉爽的沙层中。侏膨蝰，是纳米比亚沙丘中特有的一种毒蛇，爬行时向一个方向摆动。它们捕食时会钻进沙土里，只露出眼睛和尾巴尖。与其相似的物种是纳米比亚侏膨蝰，生活在纳马夸兰。在台地和沙漠地区也生活着大眼镜蛇。两种无毒蛇生活在这里，一种是西南部的三体镶蛙，这种蛇可以钻过柔软的沙子去吃爬行动物的蛋，另一种无毒蛇是台地沙蛇，它可以在沙地上跟踪蜥蜴。15种两栖动物中，3种青蛙是本地特有的，它们是布拉洁短头蛙、纳马夸兰短头蛙和天堂蟾蜍。

纳米比亚台地也有很多特有的无脊椎动物，特别是蛛纲节肢动物(蜘蛛、蝎子、壁虱)、甲虫、蜜蜂和蚂蚁。猴甲虫是台地主要的传播花粉者。沙漠昆虫有适应缺水环境的方法。几种蝎子和一种壁虱（萨氏钝缘蜱），一次储备的水足可以为一年所用。其他的昆虫依靠来自昆虫和猎物或来自种子代谢出的水分而存活。

喀拉哈里沙漠在气候上讲不是沙漠。沙土保证了水分的供应，使得树木或灌木干草原得以存在。

饮水习性

非洲蹼趾虎通过舔舐凝结在头部的雾水来获得水分。沙地巨板蜥通过进食沙丘中的野生甜瓜来获取水分。纳米比沙漠甲虫（沐雾甲虫）会低下头部面对多雾的风来收集雾滴。雾滴中的水分会沿着长在其身体和面部的沟槽流入口中。其他种类的甲虫（纳米比变色龙）会在沙丘的迎风坡面挖掘沟渠来饮用收集到的露水。

独特的小型沙漠

加拉帕戈斯群岛 加拉帕戈斯群岛位于赤道上，距南美洲西部600英里（约960千米）。植物和动物的进化过程相对独立，群岛以其独特的当地物种而著名。达尔文首先研究了这里的生物种群，并注意到不同的物种都通过进化来适应环境。这些岛屿完全起源于海洋，从海底通过火山喷发作用而上升至海面，从未与陆地接触过。几乎所有起源于南美洲的物种都是通过鸟类和海流将种子传到加拉帕戈斯群岛上来。岛上现存500多种植物,其中180多种是岛上独有的。独有的动物包括昆虫、陆地蜗牛、雀科鸣鸟、大海龟、蜥蜴和老鼠。

由于岛屿处在洪保德海流的影响之下，因此这片岛屿是一片沙漠地带。从5月到12月，海水只有 66℉（约19℃），会使温度降低，引发雾气和细雨。由于洋流的移动，12月到5月份是闷热、潮湿的季节。3月份气温可达到86℉（约30℃），降雨量为3英寸（约80毫米）。在厄尔尼诺现象中，海水会变得温暖，这样海洋生态系统就会经受损失。没有冷海水的上涌，海洋的营养成分会减少，从而割断了食物链。由于降雨量的增加，陆生植物种群也会随之增加。

植物种群随地势高度的变化而发生相应的变化，但是干旱地区的耐旱生物如仙人掌、树木、灌木和草本植物都通常生长在海拔260~400英尺（约80~120米）的地方。主要的植物有巨大的大团扇、烛台仙人掌和岩浆仙人掌（见图4.15a）。棘黎木和扁叶轴木是典型的耐旱树木，同加拉帕戈斯群岛合欢树、牧豆树和燕尾巴豆等灌木生长在一起。海拔高的地区降雨和雾都较多，因此这些地区都被看作湿润地区而非干旱地带。有几种外来物种威胁着本地动植物的生存。

最有名的动物是海边大蜥蜴和大海龟，它们在不同的岛屿上有不同的亚种（见图4.15b）。陆地蜥蜴已经得到了进化，火蜥蜴却濒临灭绝。如果把动物的亚种也考虑进去的话，本地特有的动物种类会有所增加。海鸟，例如海鸥、信天翁、军舰鸟和鲣鸟在海上捕捉食物，却把巢穴安在干旱的沙漠海岸。陆地上的鸟类，特别是加拉帕戈斯群岛嘲鸫、加拉帕戈斯群岛鸽子，几种雀科鸣鸟，都在陆地上捕食和筑巢。不同鸟类的

图4.15　加拉帕戈斯群岛以拥有多种当地特有的物种而著称，这其中包括：(a) 像树一样大小的大团扇；(b) 巨大的陆龟　(作者提供)

食物也不同，这些食物大体包括蜥蜴、昆虫、植物种子，甚至是小的鸟类。很多鸟类是本地特有的。哺乳动物的种类很少，因为岛屿距离内陆较远，但也会见到老鼠和蝙蝠。

索科特拉岛 索科特拉岛是阿拉伯海中的一系列岛屿，位于北纬12°，东经54°，拥有独特的生态系统，特别是索科特拉岛本身。尽管在行政上是也门的一部分，索科特拉岛在地理上和生物上却是非洲好望角的延伸。很多属于非洲的动植物现在广泛分布于索科特拉岛。索科特拉岛以其生物的多样性而著称，植物的茂盛是由于它独立的地理位置和多样的气候变化造成的。岛上有850种植物种群，其中大约有250种和10大类植物是本地特有的。岛屿的主要地貌是石灰岩高原，海拔1000~2300英尺（约300~700米），被周围的裂谷所包围。海格尔山是由花岗岩和晶体构成的山，高达5000英尺（约1500米）。大多数当地的植物生长在石灰岩高原和山坡上。

岛屿位于非洲至亚洲的南亚季风路径上。从4月到10月份，从非洲吹来的风干燥，温度高，所以植物不得不忍受脱水的状况。从11月到3月份，情况则恰好相反，湿润的南亚季风从东北部吹来。海岸平原的降雨量很低，只有6英寸（约150毫米）。山上的云同雾相似，尽管不会产生降雨，但从水蒸气和露水中聚集的水分提供了充足的水源。因为是岛屿的原因，它的温度相比于其他热带地区要温和得多。在海岸平原，最高气温是80~100℉（约27~38℃），最低气温是63~80℉（约17~27℃）。海拔越高温度越低。

只有7种哺乳动物生活在索科特拉岛上,由于哺乳动物很难迁徙到海岛上，因此除了一种蝙蝠（鼠尾蝠属）和一种地鼠（臭鼩鼱）以外，所有的动物都是引进的。岛上24种爬行动物中有21种是原生于本地的，这也是由岛屿的地理环境与外界相隔绝的特点造成的。然而，由于鸟类具有移动性，因此只有几种是原生于此的。这些本地生的鸟类中包括一种京鸟，一种太阳鸟，一种麻雀，以及索科特拉岛上金色翅膀的蜡嘴鸟。尽管降雨具有季节性，岛上也很难见到两栖动物，原因可能是它们因经历了之前的极度干旱而已经灭绝。

尽管大部分人类居住在沿海平原地区，但是畜牧和伐木仍减少了石灰岩平原和山区的面积。由于生态环境遭到了破坏，很多物种濒临灭绝。

马达加斯加 从西海岸的穆龙达瓦（南纬20°）向南延伸到马达加斯加南部海岸的圣玛丽角（南纬25°）的地区，尽管只有30英里（约50千米）宽的狭长的海岸地区，年均降雨量为18英寸（约450毫米），但这一地区仍被称为沙漠，因为其中生活着独特种类的适应干旱环境的植物种群。西南地区的降雨较少，因为得不到含水量丰富的东北风的吹拂。年降雨量的分配是不均匀的，也许一整年的降雨都会集中在暴风雨大作的一个月里。降雨是零星发生的，且具有区域性，有些地区可能12~18个月都不会出现降雨。稀疏的石灰岩石床和沙石地不能够储存水分是造成干旱的另一个原因。然而，海岸地区60%的相对大的湿度，对于雾气和露水的形成很重要。一些地区露水很丰富，当地人以它为水源。这一地区没有极端气温，但最高气温有时也会超过100℉（约38℃），最低气温是很温和的，为60~70℉（约15~21℃）。在干旱季节，白天没有云彩作为遮挡，强烈的太阳辐射可以使地表温度高达158℉（约70℃）。

岛上有很多当地特有的物种。这个地区分布着大量的植物种群，包括龙树科植物和典型的大戟属植物。主要的植物是带刺的小灌木，它们只有在雨后才呈现出绿色。繁密的多肉植物和10英尺（约3米）高的带刺灌木同高大的大叶片龙树科植物及其他高33~50英尺（约10~15米）的树木混合生长在一起。地被植物很稀少，它们依靠树林的密度和光线的强度而生存。降雨量和草都很少见，地下芽植物几乎不存在。

能够适应干旱环境的物种（包括树皮）为绿色或拥有叶状根的植物，因为它们在落叶后依然可以进行光合作用。很多植物都有小叶片，特别是很多树和大戟属植物。很多植物也有刺，大多刺是芽孢和树叶的变种，这样的典型植物包括亚龙木属、棒槌树属、含羞草属和龙树属植物。一些大叶片的植物也是常见的。最有特点的植物是肉茎植物，包括猴面包树（马达加斯加猴面包树）、没药、非洲霸王树等，非洲霸王树的树干直径有6英尺（约1.8米）长。其他植物的叶片和主干都较小。两种主要的肉叶植物是芦荟和高凉菜属植物，一些长得像树一样，其他的则成了灌木丛的一部分。大多数地下低矮植物是多肉的大戟类植物，如柱叶大戟和藩郎大戟。肉根植物在几类大戟属植物中也很常见，特别是开塞恩坦马里大戟和藩郎大戟。大多数植物靠景天酸代谢的方式进行光合作用。

尽管很多独立的植物种群生活在岛上的不同土质和不同区域中，它们的相同之处在于树层都很稀疏，灌木层却很茂密，地表层很稀疏或是不存在。树层被龙树科和大戟科植物所占据。其他植物出现在灌木层中，包括秋海棠属植物、锦葵属植物、胡麻科植物和苏木科植物。

这里没有大型动物出没，鸵鸟也因人类对地的开拓而濒临灭绝。灵长目动物，如环尾狐猴和维氏冕狐猴,生活在多刺的树层。它们代表了当地动物中的两种。

当地特有的植物和动物种类都很多，几乎一半的物种和95%以上的植物都生长在当地。所有占主导地位的树木都是龙树科植物，包括龙树属、亚龙木属和泽菀属植物。很多爬行动物和鸟类是当地特有的或来自距离当地不远的地区，包括两种夜行壁虎、辐射龟、蛛网龟和蟒蛇。本地特有的鸟类包括两种马岛鹃鸟和两种钩嘴贝。一些狐猴也生长在本地。很多本地生植物都生长在特定区域，并且数量稀少。

这个地区的动植物信息很少，而且由于火灾、烧煤制炭和建筑以及增加农牧区等因素，使得森林面积急剧减少。与此同时，外来物种如带刺的梨形仙人掌的入侵，以及以商业为目的的植物采集，使得这个问题变得更加严重。

词 汇 表①

等　焓　气体的温度由于压缩而升高、扩张而降低的过程，是无能量变化的物理过程。

对　流　是指流体内部的分子运动，是液体或气体中热传递的主要方式。

夏　蛰　动物在炎热季节的一种适应方式，心跳、呼吸、摄取能量等新陈代谢过程减缓。高温和食物的缺乏将会触发这个过程。

反射率　物体表面所能反射的光量和它所接受的光量之比。它是表示物光面对垂直入射光线的反射能力的物理量。

化感作用　植物通过释放化学物质到环境中而产生对其他植物直接或间接的有害的作用。

冲积斜面　从山上到沙漠谷地，由冲击土形成的缓斜面。

冲积层　冲积物在河床上的堆积，主要含有卵石、沙砾或黏土。这些都是由流水携带并沉积下来。

一年生植物　在一年内完成生命过程的植物。

旱成土　具有旱型水分状况，不具氧化层的矿质土壤。

坡　向　即坡面法线在水平面上的投影的方向。

---

①这是原著者对书中涉及的词语进行的通俗解释，并非严谨的科学解释，译者忠于原文进行了翻译——编者。

生物区 混合的动植物群，包括所有的植物和动物。

球　茎 为储存能量和营养而增大的茎。

钙积层 沙漠土壤下积累的碳酸钙。钙质结砾岩。

景天酸代谢 植物为避免水分过快地流失，而采取的碳固定方法。

新生代 地球历史上最新的地质时代，距今6500万年前。

藜科植物 多为一年生草本，少数为半灌木或灌木，稀为小乔木。

种　群 指在一定时间内占据一定空间的同种生物的所有个体，如植物种群或鸟类种群。

大陆性 大面积陆地对于季节性气温变化的影响。大陆地区夏季温暖，冬季寒冷。

趋同进化 不同的生物，甚至在进化上相距甚远的生物，在相似的环境条件下，进化出相似的适应方式和形态结构。

覆盖率 地表植物的百分率，通常用百分数表示。

夜行动物 在黄昏或黑夜活动的动物。

白垩纪 距今1.45亿年至6500万年的地质时期，是地质年代中中生代的最后一个纪。

壳状地衣 硬壳状地衣。参见叶状地衣、枝状地衣。

群生植物 生长浓密的群落植物。

落叶阔叶林 分为乔木层、灌木层和草本层。树木大多冬季落叶，夏季葱绿。

干旱落叶 植物通过落叶而对干旱做出的反应。

低矮灌木 主干低于12英寸（约30厘米）的小型灌木。

变温动物 体温受环境控制的动物。如：冷血动物。

厄尔尼诺现象 赤道东太平洋冷水域海温异常升高的现象，是一种影响赤道太平洋，尤其南美洲西海岸沿岸的季节性气候现象。在12月份厄尔尼诺现象发生期间，造成海岸异常干燥的高气压系统和冷洋流被低气压、暖海水、高湿度甚至雨水所取代。剧烈、持久的厄尔尼诺现象能够影响世界范围内的气候模式。

恒温动物 体温由自身控制的动物。

新成土 具有弱度或没有土层分化的土壤。

附生植物 不和土壤接触，其根群附着在其他树的枝干上生长的植物。

蒸发降温 通过降低自身温度来获取蒸发过程所需要的能量。

蒸腾作用 土壤水分、水域水分以及从植物叶子的气孔排出的水分，以水蒸气的形式进入大气层的过程。

常绿植物 指叶子常年保持绿色的植物。

断崖山 由断裂形成的山，通常很陡峭，没有山丘。

叶状地衣 地衣体叶片状。大多由菌丝束形成，很多假根与生长基质相连，易于将其分离。

阔叶草本植物 宽大叶片、绿茎、非木质的草本植物。

枝状地衣 植物体直立，通常分枝，成丛生状。

属 由一种或多种相近的种群形成的整体。

地下芽植物 芽埋在土表以下，以受土壤或水层保护的植物。

砾 漠 古代堆积物经强劲风力作用，吹走较细的物质，留下粗大砾石覆盖于地表的地貌形态。

盐土植物 指能在含盐量高的土壤中生长的植物。

岩 漠 岩石裸露的地面。

草本植物 草本的或者柔软的有绿色茎的植物。可能是一年生植物，也可能是多年生植物。阔叶的草本植物被称为非禾本草本植物。莎草被称为禾草状植物。

冬 眠 动物用冬眠来应对寒冷季节，动物的体温会降低到与环境的温度相同，这会导致新陈代谢减慢，对能量的需求减少。

始成土 在潮湿的气候条件下，不呈现明显的淋溶淀积或极端风化作用的矿质土壤。

指示植物 在一定区域范围内，能指示生长环境或某些环境条件的植物。

花 序 花集中于花轴上的次序，是植物的固定特征之一。

逆 温 空气温度随着海拔升高而上升，不符合正常的温度越来越低的温度垂直梯度标准。

卡 鲁 南非荷兰语中的灌木或灌木地区。

纬 度 赤道以北或以南的（距离赤道的范围），其计量单位是度。赤道是0°纬线。低纬度地区位于南北纬0°至30°之间，中纬度地区位于南北纬30°至60°之间，高纬度地区位于南北纬60°至90°之间。

地 衣 由真菌形成的生物，与藻类是共生关系，独立的有机体。

平顶山 顶部宽阔、险峻的山，通常是陡峭的岩石。

番杏科 特产于非洲南部的大叶片植物，是双子叶植物纲、石竹目的一个科，约有126属，1100种。

小气候 气候条件不同于所在地区总体气候条件的小区域。

小环境 生态环境条件特殊，不同于所在生境或者更大生境的小的生态系统。

季 风 由于大陆与邻近海洋之间存在的温度差异而形成大范围盛行的、随着季节会有显著变化风向的风系。

那布卡 有灌木挡住风沙的小沙丘。

夜 生 在夜间活跃的动物。

庇护植物 用遮盖保护种子的树或灌木。

地形降水 气团在前进途中，遇到较高山地的阻挡，被迫上升，绝热冷却，达到凝结高度时，发生降水。

孤雌生殖 卵不经过受精也能发育成正常的新个体。

常年生 指多年生长的植物。

潜在蒸散 可以蒸发的水分的比重。

光周期 日照时间，是指昼夜周期中光照期和暗期长短的交替变化。

光合作用 绿色植物在有阳光的条件下，将水和二氧化碳合成有机物质并放出氧气的过程。能量从可见的阳光转化为储存在植物体内的可用化学能量。

地下水湿生植物 拥有深根的从深层地下吸收水分的植物。

生理干旱 植物因水分生理方面的原因，不能吸收土壤水分而造成的干旱。

干盐湖 干旱的湖床，只有一层黏土和盐。

更新世 气候变冷，有冰期与间冰期的明显交替。那个时期冰川运动频繁，距今约260万年至1万年。

沙生植物 生活在以沙砾为基质的沙区的植物。

逆辐射 白天吸收的太阳辐射在夜间反射回大气。

根状茎 植物在发育过程中，由于环境变迁以至形态结构发生了改变，形成位于土壤表层之下的变态茎。

莲座丛 一种植物生长形态，其特点是叶子环绕着中心茎或者更新芽，长成有基座的轮生体。可以在地面水平生长或者向高处生长。

硬叶植物 指厚而蜡质的叶片，这样的叶片可以防止水分散失。

有性繁殖 植物通过配子和花粉，动物通过精子和卵子的繁殖过程。

太阳辐射 太阳辐射出的能量。也叫作短波辐射。

典型草原 建群种由典型旱生植物组成，以丛生禾草为主，伴有中旱生杂草及根茎苔草，有时还混生旱生灌木和小半灌木。

培养基 植物生长所需的表层物质，包括岩石、土壤和沉积物。

亚热带高压区 南北纬度在25°与30°之间的高气压地区。

太阳倾角 白天太阳在天空的高度，是影响气温的主要因素。太阳倾角越高，地表温度越高，反之，温度则越低。

分类学　将有机物进行描述、分类、命名的学科。

温　带　指中纬度地区，夏天温度的变化是从温暖到炎热，冬天温度的变化从温和到凉爽。既不会太冷也不会太热。

第三纪　新生代的最老的一个纪。距今6500万年~180万年。

适应限度　极端的环境因素，如寒冷、炎热、干旱和大雪，超越这个极限，个别物种无法生存。

蛰　伏　是指天气转凉，动物冬眠了。

热　带　地球上位于北纬23.5°与南纬23.5°之间的区域。

有蹄类动物　有蹄的哺乳动物，如牛、麋鹿和跳羚。

维管（束）植物　在根和叶片之间用导管传导营养和水分的植物。包括有花植物和蕨类植物。

血管收缩　通过血管收缩来降低血液流动速度，保持温度。

血管扩张　通过血管扩张来增加血液流动速度，散失热量。

营养繁殖　植物通过叶片、根、茎进行繁殖，也叫无性繁殖，包括克隆。

风棱石　经风沙长期磨蚀，形成光滑的棱面或棱角的岩石。

幡状云　在到达地面之前被干燥的空气吸收的雨水。有时看起来像从云朵上延伸出来的条纹。

迎风向　山坡迎风有降雨的一面。反面是雨影区或背风坡。

雅　丹　由风沙剥蚀形成的巨大岩石露出地面的地貌。